監修 日本生態学会

フィールド調査のための安全管理マニュアル

SAFETY GUIDELINES FOR FIELD RESEARCHERS

朝倉書店

免責事項

本書は野外における安全を保証するものではありません．また，不完全な内容を含む可能性があることをご了承ください．

本書通りに行動した場合でも，事故や遭難に見舞われる可能性があります．

本書通りに行動しながら見舞われた事故に伴う被害や損害については，日本生態学会および野外安全管理専門委員会ならびに野外安全管理専門委員会委員は責任を負いかねます．

はじめに

国内外における生物学関係のフィールド調査中（実習を含む）の死亡事故が，1990 年代後半から続いている．日本生態学会野外安全管理専門委員会が把握しているだけでも，1997 年から現在まで少なくとも 5 名の教員，7 名の学生，1 名の研究員が亡くなり，教員 1 名が行方不明になった．研究の第一線で活躍している研究者や将来有望な若者が亡くなるのは，学術的に大きな損失であり，その悲しみも大きい．事故は突発的に発生し，誰もが当事者となりうる．十分な備えがあれば，事故の被害を最小限に食い止めることができたのかもしれない．

日本生態学会野外安全管理専門委員会は，フィールドでの事故を防止するために，フィールド調査を行う学会員が使える安全管理マニュアルの必要性を感じ，その作成を始めた．最初の暫定版ともいえる安全管理マニュアルは，2008 年 3 月に生態学会のホームページ上にて公開された．それから 11 年の歳月を費やし，2019 年 7 月に日本生態学会誌の別冊という形式で，「フィールド調査における安全管理マニュアル」が出版された．しかしながら，安全管理マニュアルの出版後も事故は続いてしまった．学会誌という形式では，安全管理の普及と啓蒙に限界があるのかもしれない．特に卒業研究や大学院の修士課程で新しくフィールド調査を始める学生たちには，誰でも購入できる書籍のほうが手にとりやすいかもしれない．そのような背景から本書の出版が実現されたのである．

フィールド調査は生態学以外の学問分野でも広く行われているが，そのための一般的な安全管理マニュアルはほぼ皆無であった．たいていの大学で作成されている「危機管理マニュアル」は，実験室内での事故への対応や，労働安全衛生法の遵守を主たる内容としている．最近では，多発するフィールドでの事故について無視できなくなったこともあり，フィールド調査の項目も含まれるようになってきているが，内容が簡易過ぎて，実際の事故対策や対処に現実的でない場合が多い．本書はこれまでの危機管理マニュアルの足りない部分を補うことができ，学問分野に関係なく広くフィールド調査に携わる人たちにとって役立つものになるだろう．

フィールド調査における事故に備えるためには，調査に携わる者全員が，その潜在的危険と対処法を学ぶ必要がある．事故を起こさないことが何よりも重要であるが，それでも事故は起こってしまうことがある．何の備えもない人が事故に巻き込まれると，場当たり的に事故に対応せざるを得ず，最悪の場合には，適切に対処していれば助かるはずの遭難者の死亡や，二次遭難が引き起こされる．その対策として遭難救援や危機管理の体制を組織的に整備することが必要である．本書は，そのようなフィールド研究者の安全対策・事故対策に役立つ情報を提供するものとなるだろう．

本書は 5 章から構成される．第 1 章では，総論として，安全なフィールド調査のための基本的心得をリスクマネジメントの観点から解説した．第 2 章では，フィールド調査における安全管理の流れについて，調査前，調査中，事故発生時，事故発生後に分けて解説した．第 3 章では，フィールドで安全に調査を行うための基礎技術や道具について解説した．紙面には限りがあるため，ロープワークについては動画のリンクを掲載した．生態学者はさまざまな生物を研究対象にし，そのフィールドも実に多様である．そのため，第 4 章では，ケース別に安全管理について解説した．第 5 章は資料編となっている．実際にあった事故事例についても紹介した．事故を防ぐには，事故から教訓を得ることが重要である．参照しやすいように事故事例のみの目次も掲載した．残念ながら時間の関係や諸事情で本書に掲載できなかったものもある．

本書では，トイレや生理など女性がフィールド調査で悩む問題についても取り上げた（第 2 章参照）．本書では，これらの女性特有の問題を少しでも解消できればという観点から，状況に応じた対応策を紹介している．これらの問題については，一緒にフィールド調査を行う男性も知っておくべきことだろう．またハラスメントへの対処についても触れている．日本生態学会の活動方針（アジェンダ）にあるように，フィールド調査に関わるさまざまな人々の多様性を互いに認め，あらゆる属性にとらわれることなくフィールド調査に参加できるよう，包摂的かつ公平性が保たれた環境の構築が必要である．本書がジェンダーギャップなどの不均衡を是正することにおいても役立つことができれば幸いである．

本書は，フィールド研究者を対象にしているが，この内容は登山やダイビングなどアウトドアに携わる職業や愛好家にも広く役立つものである．フィールド調査におけるリスクマネジメントの考え方は，アウトドア関係にも共通したものである．本書がフィールドに携わる多くの人に広く役立てば幸いである．

2025 年 2 月

日本生態学会 野外安全管理専門委員会 委員長　石原道博

ウェブ付録のご案内

朝倉書店ウェブサイトの書籍紹介ページより本書のウェブ付録をダウンロードしてご利用いただけます．右の QR コード，もしくは下記 URL からご覧ください．

https://www.asakura.co.jp/detail.php?book_code=18070

■監修

日本生態学会　野外安全管理専門委員会

■編集責任者

いし はら みち ひろ
石原道博　大阪公立大学准教授

■2005–2024年度 野外安全管理専門委員会委員（＊2024年現在の委員）

いし はら みち ひろ
石原道博＊　大阪公立大学准教授

すず き じゅんいち ろう
鈴木準一郎＊　東京都立大学教授

かす や えい いち
粕谷英一＊　大阪公立大学研究員

きた むら しゅんぺい
北村俊平＊　石川県立大学准教授

なか しま よし ひろ
中島啓裕＊　日本大学准教授

いい じま あき こ
飯島明子＊　神田外語大学准教授

おく だ のぼる
奥田　昇＊　神戸大学教授

おお だち さと し
大舘智志　北海道大学助教

もり ひろ のぶ こ
森広信子

やま した なお こ
山下直子　森林総合研究所関西支所森林生態グループ長

ゆ もと たか かず
湯本貴和　京都大学名誉教授

せき の たつき
関野　樹　国際日本文化研究センター教授

なか おか まさ ひろ
仲岡雅裕　北海道大学教授

ほん ま こう すけ
本間航介　新潟大学准教授

目 次

事例目次

1 総　論

1.1 安全なフィールド調査のための基本的心得

フィールド調査を安全に行うために，最も重要なことは，調査そのものをあきらめる勇気をもつことである．データが十分とれないと，もちろん困る．だが，データはとれても死んでしまっては元も子もない．データがとれずに留年するのと，死亡後に認定で学位がとれるのと，どちらがよいかと聞かれたら，本人・友人・親族・指導教員の全員が，留年しても生きて帰るのがよいと言うはずである．生きて帰ることが何よりも大事である．調査中に死んではいけない．死んだら研究もできないし，学位も役には立たない．大学や研究所などの研究者も，死亡すれば研究は中断され，それまでにとりためたデータも公表されず，無駄になってしまう．

指導にあたる立場の人間は，データよりも命が大切であることを，明確な言葉として学生や研究員に確実に伝える義務がある．学生は，データを採取することに，教員が想像する以上のプレッシャーを感じている．この重圧が，過度の無理を強いることになる．「データよりも命が大事」であることは，学生にとって必ずしも自明ではない．学生を送り出す際に，「注意深く行動せよ」と言ってはならない．「臆病すぎるほど臆病になれ」「危険を感じたら，データをあきらめろ」と教員は言い続けるべきである．学生を死に追いやってはいけない．

指導教員や研究リーダー，先輩らは，自らの危険な行為・無理・無茶を武勇伝にしてはいけない．冒してしまった危険な行為や無理は，論文の盗用と同じぐらい恥ずべき経験である．恥を忍んで，同じ過ちを後輩が冒すことがないようにという気持ちで，自らの経験を語るべきである．無謀な野外調査の思い出話や冒険談は，調査前の計画や準備の能力不足を吐露しているだけであり，自らの能力の低さを証明しているに等しいことを，年長者は年少者を前にして自覚すべきである．

1.2　野外活動におけるリスクマネジメントの考え方

1.2.1　リスク

フィールド調査での具体的なリスクやそれらの対策方法を紹介する前に，野外活動での一般的なリスクマネジメントの考え方について紹介しておく．フィールド調査などの野外活動にはさまざまな「危険」が伴う．「リスク」とは危険性であり，損害が生じる可能性を意味する．フィールドには，岩場，増水，悪天候，危険動物などの，リスクを生み出す元になる物や状態といった危険因子（ハザード）がある．危険因子のあるところで，不適切な行動をとることでリスクが生じる．たとえば，どんな急斜面があっても，誰も入らなければ滑落事故は起きないが，そこに急斜面を登るのに技術的に未熟な人が入ることで滑落や転倒などの事故につながる．フィールドは危険因子だらけである．危険因子に対する適切な行動を設定し，そのためのスキルと装備を身につけることで，リスクを許容できるレベルに下げることが，リスクマネジメントとなる．

1.2.2　4つのリスク対応

図 1.1 は，リスクマネジメントの流れをまとめたものである．リスクマネジメントにはリスクの性質に応じて 4 つのリスク対応が考えられる．(1) リスクの回避，(2) リスクの低減，(3) リスクの保有，(4) リスクの共有である．4 つのリスク対応と，リスクの発生確率およびリスク顕在時の被害の大きさとの関係を図 1.2 に示す．

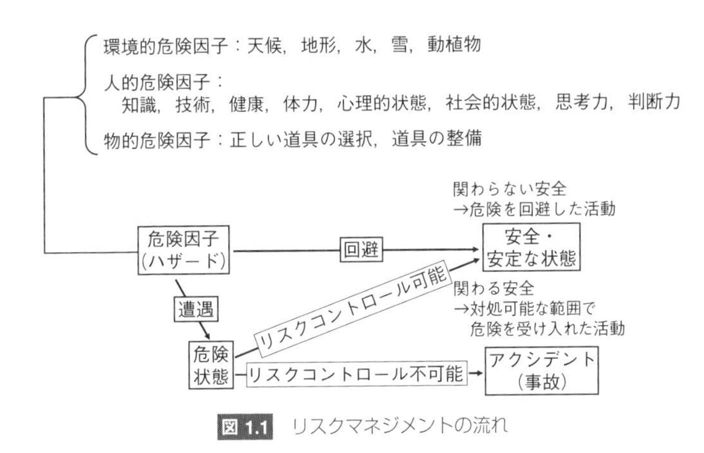

図 1.1 リスクマネジメントの流れ

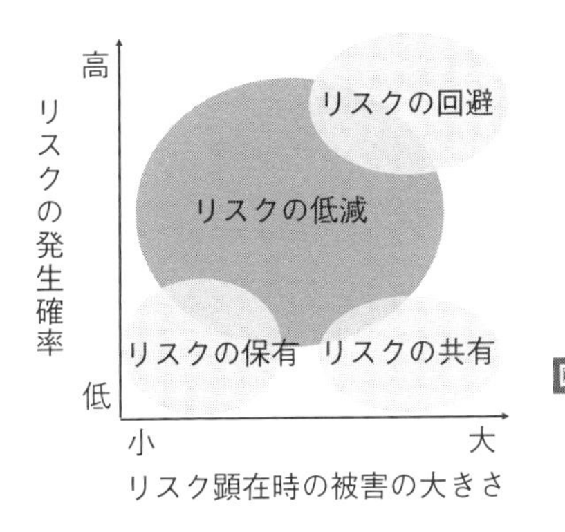

図 1.2 4 つのリスク対応と，リスクの発生確率およびリスク顕在時の被害の大きさとの関係

(1) リスクの回避　リスクに対する最も根源的な対応は，リスクをなくすことである．行動によってリスクを回避することがリスクの排除になる．たとえば雪山に行かなければ雪崩へのリスク回避となる．しかし，フィールドでのリスクをすべて回避しようとすれば，フィールドに出ないという選択肢となってしまい，フィールド調査ができなくなってしまう．そこで回避以外の対応が必要になる．

(2) リスクの低減　フィールド調査では，装備を充実し，スキルを高めることでリスクが低減される．具体的な装備やスキルについては後述するが，各研究機関においてもリスク低減のための安全教育の場をもつべきである．スキルの向上にはトレーニングも必要である．危険の予知，調査時における対応，事故時の対応などを素早く適切に行えるようにしておきたい．

(3) リスクの保有　リスクを受け入れることが保有である．ただし，何も考えずにリスクをそのままにしておくのではなく，発生確率が低いことや，発生しても損害は小さいことなどの情報にもとづいての意思決定があってのことである．森林や岩場での調査におけるヘルメット着用は，着用によって落枝や落石によるリスクは低減するが，リスクが0になるわけではない．許容できる範囲にリスクを低下させたうえで，リスクを保有した状態である．

(4) リスクの共有　リスクによる影響をほかの主体と分け合うことが共有である．最も代表的な共有は保険契約である．また，複数人での調査もリスクの共有にあたる．この場合，緊急時に応急処置や救助要請をしてもらえるかもしれないというリスク低減の面と，ほかのメンバーのトラブルの際には自分のリスクが上昇するという面の両方があることに留意しておきたい．

1.2.3　調査後のふりかえり

産業界では，1件の重大事故の背後には，29件の軽微な事故と300件の些細なトラブルがあるという経験則があり，ハインリッヒの法則とよばれている．日常的に起こる些細なトラブルを英語ではインシデントとよぶが，日本語では「ヒヤリハット」とも称されている．フィールドでの1件の重大事故に対する軽微な事故やインシデントの数はもっと大きくなると考えられる．図1.3は，フィールドでの転倒におけるハインリッヒの法則を示す．この経験則が意味するのは，重大事故，軽微な事故，日常的なトラブルは連続的なものであり，多くは些細なトラブルで終わ

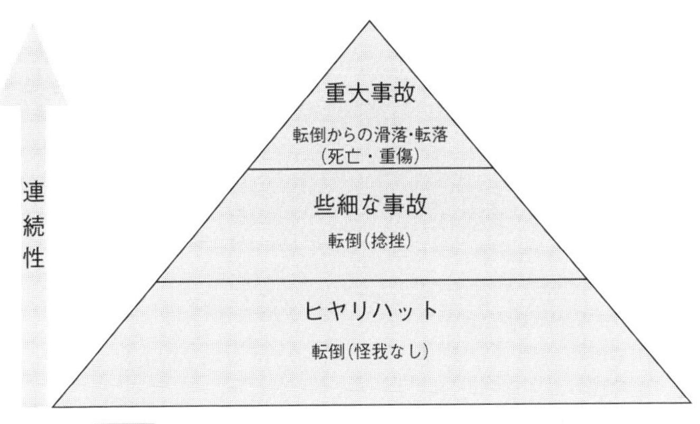

図 1.3 フィールドでの転倒におけるハインリッヒの法則

るが，一部が大事故に進展すること，事態の悪化がどこまで進行するかは，偶然による部分が少なくないということである．転倒の場合であれば，たまたま転倒したところが岩場の急斜面だったり，転倒した先に崖があったりすれば，死亡事故につながる滑落や転落を招くかもしれない．

ハインリッヒの法則から得られる教訓は，重大事故を未然に防ぐためには，日ごろから不注意・不安全な行動による小さなミス，ヒヤリハットを防ぐのが重要だということである．そのためにはヒヤリハットなどの情報をできるだけ早く把握し，適切な対策を講じることが必要になるが，その場が調査後のふりかえり（反省会）である．調査後に反省会の場をもち，ヒヤリハットがあったかの確認を行う．ヒヤリハットがあった場合は，その発生状況や原因を明らかにし，再発防止策を講じる．これらの情報は，報告書にする，安全講習を行うなどして，研究機関内で共有しておくことも重要である．日本生態学会では，毎年開催される学会大会において，野外安全管理専門委員会が企画するフォーラム「野外調査に初めて行く人のための安全講習」が行われており，野外安全管理に関する情報発信や情報交換の場となっている．ちょっとしたトラブルであっても，指導教員や上司に報告・連絡・相談しやすい体制作りもヒヤリハットの発見につながる．運悪く事故を起こしてしまった場合も，同様な対応を行うべきである．事故報告書の作成は，大変な労力を必要とするが，その後の重大事故を防ぐための重要な情報を提供することになる（2.7 節参照）ため，できる限り実施すべきである．

事例 1.1　下山時の転倒が招いた滑落事故

A 大学の生態学研究室において，2021 年 5 月に鈴鹿山脈にある低山の天狗堂（988 m）にシャクナゲなどの花を観察しにいくハイキングが行われた．その下山時に，6 人パーティーの先頭から 2 番目を歩いていた学生がうっかり足を置いた岩で滑り，そのまま登山道の土を踏み抜いて，頭を下にして斜面を滑落してしまった．現場は小さな沢の源頭部となっていたため，標高差で 70〜80 m ぐらいの長い滑落となってしまった．幸いなことに，滑落中に木や岩にぶつかることがなかったのは，滑落距離からすると奇跡的といえる．それでも体の左半身は動かせない重傷を負った．学生は同行者により発見され，沢中から安全な場所に移動された．携帯電話が通じない場所だったため，ほかの同行者が登山道を林道まで下りて，消防に救助要請を行った．救助要請から約 4 時間後に，学生はヘリコプターに収容され，病院に搬送された．診断の結果，骨盤 2 カ所と肋骨を骨折し，擦過傷（さっかしょう），打撲，内臓損傷もあって全治 6 カ月の重傷だった．この事故は登山道上でのうっかりした転倒から，場所がたまたま悪かったことにより，重大事故に至ったケースである．登山道上方からは死角になる滑りやすい石を予知することは難しかった．事前に登山道の状況を調べて危険個所を確認し，下りでは滑る岩や踏み抜きなどに注意するぐらいしかできなかった事例である．

1.3 フィールドではどんな事故が起こるか

フィールド調査は，研究室を出発したときに始まり，戻ったときに終わる．調査の要素には，調査現場までの交通，調査，宿泊，現地の住民との交流や現場での事務などがある．そこで，「調査中の事故」には，調査地での事故に限らず，往復の交通や対人関係における事故も含まれる．これら多様な要素について，調査を開始する前に危険を予測し，未然に事故を防ぐ努力をすべきである．また，事故が発生し救難にあたるときには，被害の拡大や二次遭難を避けるため，発生原因や現場の危険に留意しなければならない．

ここでは，事故例を分類し，発生パターン別に対処方法を示す．

1.3.1 移動中の事故

海外でのフィールド調査では，調査地までの移動距離が長く，交通機関に依存する場合が多い．また，国内でも短期間に長距離を移動し，遠隔地の調査地で行われる研究が増加している．このような交通機関の利用頻度に比例して，交通事故件数は大幅に増加した．死亡事故だけでも，飛行機（マレーシア，サラワク州 1997）（第 5 章 事例 5.1），小型船舶（メキシコ，バハ・カリフォルニア州 2000）（第 5 章 事例 5.2），自家用車（国内・巻機山（まきはたやま）1998）（第 5 章 事例 5.3）など，件数がほかの要因による事故に比べて多い．

1.3.2 現場調査中の事故

フィールドの事故一般において，これまで繰り返し指摘されているように，遭難者本人の行動に問題が全くないにもかかわらず遭難するケースは比較的少ない．つまり，大部分の事故にはヒューマンエラーが関与する．このようなエラーの多くは，事前のトレーニングとリスクアセスメント（危険の予測）によって排除できる．これにより事故を未然に防ぐ，または被害を最小限にとどめることが可能である．

日本のフィールド研究者には,「山登りほど危険なことはしていないし,これまでも問題がなかったので,今後も問題ない」と,危機意識が希薄な人が多い.このため,基礎的訓練を受けていれば十分回避できるケースでも大事故に発展する可能性がある.フィールドでの危険は,遠隔地の自然度の高い場所で大きいとは限らない.街中の河川や里山のような身近な場所にも危険は潜んでいる.

調査地が身近な場所であっても,フィールド調査を行う前に,やっておくべきことがある.そのひとつは,野外活動に関する技術の習得・トレーニングである.

登山などの野外活動に必要とされる技術には,救急法(蘇生・止血・包帯など),気象予報(天気図・観天望気),読図,ロープの操作,通信技術,雪上・氷上行動技術,ビバーク(不時露営法)などがあり,ほとんどのものはフィールド調査に流用可能である.

これらの技術の中で,救急法と通信技術は野外で事故に見舞われたときに特に重要である.この2項目の訓練を受けているか否かで,遭難者の生存率や被害の程度には雲泥の差がつく.

調査グループに救急法講習修了者がいると,事故発生時の遭難者の生存率が高まる.医療関係者の救援が容易に得られない遠隔地での調査では,調査グループ内の少なくとも1名は救急法講習を受講しておくべきである.

また,野外で調査を行うチームと,大学や研究所で留守を預かるチームの間での,事故防止策と事故が起きてしまった場合の対応についての打ち合わせも必要である.遭難者と救援チームとの円滑な通信は,救援活動の効率を高めるうえ,通信の内容を定期的に伝えることで,遭難者の家族の心理的負担を軽減できる.フィールド調査を実施する前に,事故発生時に現場とのホットライン(直接通話)が確実に開設できるように準備せねばならない.救急法と通信技術については第3章で詳しく述べる.

調査現場の事故は,さまざまな形態をとる.ここでは山・陸上での事故，河川・海洋などでの事故，人的事故の 3 つの区分とし，代表的なケースについて紹介する．

(1)　山・陸上での事故　森林・動物・地形・地質・雪氷などを対象とした調査中の行動は登山に近い．このため，事故も山岳遭難に類似する．これまでの事故や，重篤な事故を引き起こしかけた人為的ミスを類型化すると，以下のようになる．

- 気象遭難（吹雪・大雨・台風・雷）
- ルートミス
- 突発的災害（落石，雪崩，土石流，鉄砲水，氷河崩壊，火砕流，山火事，倒木など）
- 突発的事故（滑落，転落，雪庇（せっぴ）の踏み抜き，雪洞（せつどう）崩壊，樹木からの落下，テントの火事）
- 衰弱・低体温症（疲労凍死）
- 疾病・けがなど（高山病，心臓疾患，熱傷，凍傷，骨折，熱中症，感染症など）
- 危険生物（スズメバチ，ヒグマ，ハブなど）

実際には，これらの複数が，連鎖的に起こって大事故に至ることが多い（悪天候 + ルートミス + 低体温症など）．死亡事故を除いて，調査中の事故の詳細が公表されることはきわめて少なく，情報の蓄積はほとんどない．そこで，野外での危険を知るには，登山などの事故例を参考とし，学ぶことが必要である．

(2)　河川・海洋における事故　河川・海洋では，溺水（できすい），低体温症，磯などでの打撲や裂傷，危険生物による咬傷（こうしょう）などの事故が多く発生する．スノーケリングやスキューバダイビングによる事故（潜水病（減圧症）・溺水など）は，ダイバーの間で頻繁に発生している．水難事故は，陸上における事故よりも，遭難者の救出が一般に難しく，救出時の二次遭難の確率も高い．溺れている人の救助に飛び込むのは非常に危険な行為であることを，河川・海洋での調査に携わる者は知っておく必要がある．そのため，救助者になりうる人は日本赤十字社の水上安全法講習を受講するべきである．溺水した遭難者を安全な場所に引き上げた場合には，迅速な意識レベル・呼吸の有無の確認が必要で，呼吸停止時はただちに人工呼吸と胸骨圧迫（心臓マッサージ）を行わなければならない．なお，河川・海洋における調査時の安全については，4.5 節および 4.6 節を参照されたい．

事例 1.2　河川でのウェーダー着用のリスク

1998 年，中部地方の河川にて，ウェーダー（胴長）着用で藻類の調査を行っていた学生が水深 30～40 cm の川の中で転倒，そのまま 200 m ほど下流に流された．事故から約 10 分後に救出され，迅速に蘇生法が試みられたが，死亡した．転倒してウェーダーの中に水が入り自力で起き上がるのが困難になったことが被害を大きくした原因と推定された．事故後，対策本部はウェーダーの販売会社に対し，取扱説明書中にライフジャケットを併用する注意書きを入れるよう要請した．

(3)　人による被害について　野外調査では，さまざまな生物に起因する被害の可能性があるが，人間による被害も軽視できない．調査地は通常，人が少ない場所であり，各種の犯罪の被害者となる可能性も小さくない．

人が原因となる被害は，同じ調査に従事している複数の研究者間でも生じる可能性がある．研究者間のハラスメントやトラブルを避けるための対策を考える必要がある（2.3.6 項と 2.3.7 項も参照）．

1.4　研究者の管理責任

研究者は，指導している学生や院生などの事故に関して，管理責任を問われることがある．責任には，刑事上および民事上の責任がある．刑事上の責任には，業務上過失傷害や同致死などとともに労働安全衛生法の違反があり，有罪になれば罰金刑や禁固刑が科される．民事上の責任には，賠償責任がある．さらに大学法人など使用者による懲戒処分を受けることもある．刑事上の責任と民事上の責任と使用者による懲戒処分はそれぞれ別のものであるが，刑事上の責任と使用者による懲戒処分は，就業規則などで連動するよう定められていることがある．なお，労働安全衛生法への違反は，事業者としての使用者（大学法人など）の責任も問われることになる．

公立大学や国立大学法人などで，教員が学生や院生に対して直接的な賠償責任を負わない場合でも，故意であることなどを理由に，大学設置者などから賠償を請求されることがある．学生などの事故における研究者の管理責任が問われて訴訟になった例がある（京都第一法律事務所「科学者のための法律相談」*1)）ほか，野外調査では，教授が死亡し学生には事故後に後遺症が残った河川調査での事故について，大学と教授の遺族に対して，学生への賠償を命じる判決が出た例もある．

*1) https://www.daiichi.gr.jp/publication/scientist

2 フィールド調査における安全管理の流れ

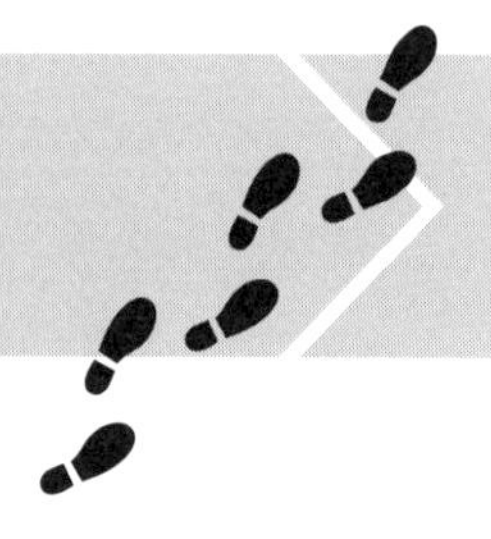

2.1 調査実施前の安全管理

野外調査を円滑に実施し，かつ事故発生時に迅速な救援を可能とするには，調査前に調査の準備に加え，救助組織の整備，救援計画の策定など救援体制の準備を進める必要がある．

2.1.1 フィールド調査における安全管理の流れ

図 2.1 は，事故対策の流れの例である．フィールド調査を行う前に，事故発生時の対応についてプロトコル（規定）を作成しておく．安全管理プロトコルは研究室内で一度作成すれば，多くの部分について次回以降も流用が可能である．各研究室において柔軟性の高い仕組みを作っておくことが望ましい．

2.1.2 安全管理プロトコルの策定と事故発生のシミュレーション

以下に策定の具体例を示すので，これを参考に安全管理プロトコルを作成していただきたい．

(1) 担当者の決定　フィールド調査を含む研究の実施にあたっては，調査責任者，現場責任者，留守本部責任者，事故対策本部長をあらかじめ決めておく．

調査責任者は，プロジェクトや研究室の責任者が担当する．フィールド調査に同行しない場合は，事故発生時に，調査責任者が留守本部責任

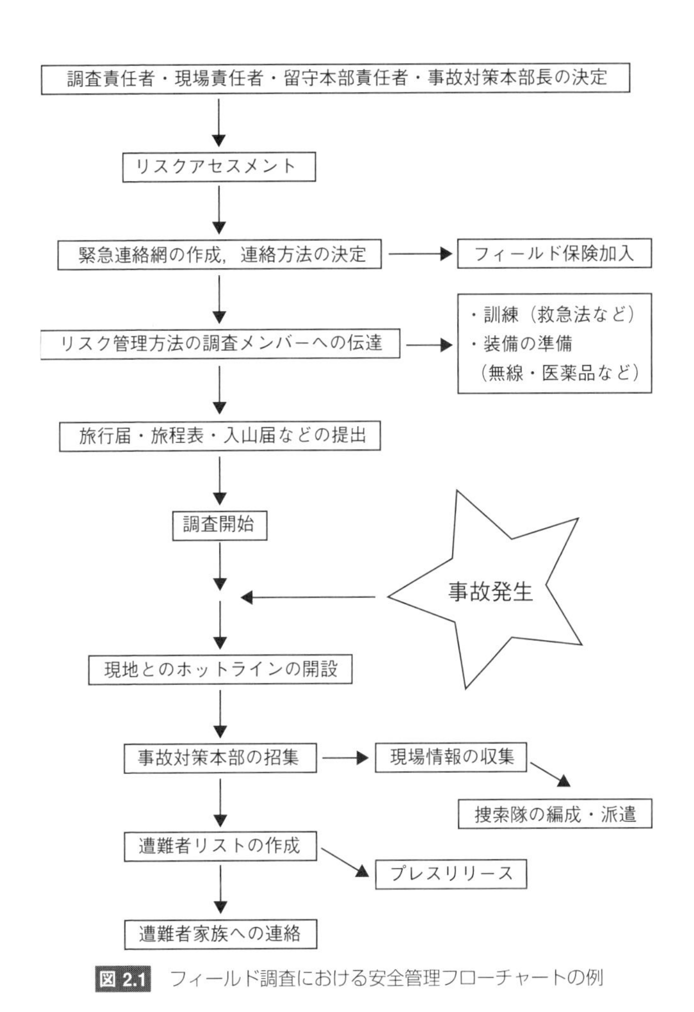

図 2.1 フィールド調査における安全管理フローチャートの例

者として，現場への指示・事故対策本部の設置要請などを行う．このため，調査責任者・留守本部責任者は，調査旅行の詳細な行動予定を把握しておかなければならない．調査責任者が調査旅行に同行する場合は，あらかじめ留守本部責任者を置き，現場からの事故第一報が入りしだい，ここを起点にして事故対策本部が組織できるようにする．

留守本部責任者は，ホットラインによる事故現場との情報交換，遭難者家族との連絡，保険会社への連絡を行う．また，報道機関への配信（プレスリリース），ホームページでの情報開示の原案を作成し，事故対策本部長に提案する．さらに，捜索資金の調達などを事故対策本部長と協議する．

現場責任者は，調査現場におけるリーダーが担当する．調査責任者がこれを兼務することもある．現場責任者は調査中の事故の防止に努め，事故が発生した場合には，即座に留守本部とのホットライン（直接通話）を開設し，現場情報を伝達する役割を担う．責任者自身が遭難する場合を想定して，代理になる研究者（学生など）も必ず配置し，プロトコルを説明しておく．また，海外調査の場合には，カウンターパート，大使館，病院などと即座に連絡がとれるように連絡先の情報を収集しておかなければならない．

事故対策本部長は，事故発生時に研究組織のリーダー（学科長・研究所長など）が任にあたる．留守本部責任者（もしくは調査責任者）から事故発生の第一報を受けとり，事故対策本部を設置するほか，留守本部責任者の提案にもとづきプレスリリース・ホームページによる情報開示を行い，捜索資金の調達方法を所属機関や保険会社の担当者と協議しつつ指示する．学科長・研究所長などは，事故発生時に不在であることも多いので，代理の担当者も必ず選定しておくべきである．

(2)　緊急連絡網の整備　研究部所内で網羅的な緊急連絡網を必ず作成しておく．研究責任者・現場責任者は，ホットラインの設置方法，調査中の定期連絡方法，事故発生時の初動体制などについて協議し，取り決めた内容を文書化して関係者全員に配布する．この際に，留守本部は必ず複数の担当者が対応可能な形にすべきである．緊急連絡網の整備にあたって，現場責任者は，保険加入の確認や研究者の個人情報（パスポート番号・保険会社連絡先・血液型・年齢・家族および親族連絡先など）を

ロシアカムチャツカ調査（201* 年 8 月 15 日から 9 月 20 日）連絡体制

対策本部長
佐藤（03-1234-5678）
（自宅）042-123-4567

自然科学大学留守本部

動物生態研究室
鈴木（03-1234-6789）
（自宅）042-234-5678
加藤（03-1234-7890）
（自宅）042-345-6789

植物生態研究室
高橋（03-1234-6789）
（自宅）042-234-5678
田中（03-1234-7890）
（自宅）042-345-6789

系統分類研究室
渡辺（03-1234-6789）
（自宅）042-234-5678
斎藤（03-1234-7890）
（自宅）042-345-6789

カムチャツカ調査チーム

氏名	所属	所属電話	自宅電話	実家電話	血液型	保険
生態　太郎	自然科学大・理・教授	012-234-5678	013-456-7890	03-4567-8901	A	海外傷害・共済
野外　学	自然科学大・理・准教授	012-234-6789	013-789-0123	045-678-9012	B	海外傷害・ハイキング保険
海山　花子	自然科学大・農・教授	012-234-7890	013-012-3456	06-7890-1234	AB	海外傷害・共済
野山　一郎	新緑大学・理・准教授	025-678-9012	025-901-2345	089-012-3456	O	海外傷害・山岳
森林　緑	新緑大学・農・助教	025-678-0123	025-012-3456	078-901-2345	A	海外傷害・ハイキング保険

連絡手法：KDDI イリジウム衛星電話　001-010-1234-5678
定時連絡：偶数日、昼（日本時間 15:00）

現地カウンターパート所属機関
カムチャツカ生態学保護研究所
Kamchatka Institute of Ecology and Conservation
+123-4-567-8901

調査スケジュールは別紙「旅程表」を参照のこと。

図 2.2　緊急連絡網の例（海外グループ調査）

収集し，非常時に使用する情報として厳重に管理する．例を図 2.2 として示す．

(3) 旅程表・調査予定表の作成と提出　旅行届・旅程表（図 2.3 および図 2.4）は，遭難の早期認識や，捜索隊の派遣，保険支払時の事故の公的認証などに非常に重要である．大学・研究所所定の旅行届・海外旅行届には，詳細な予定やリスク管理情報の記載欄がないことが多いので，詳細な情報を含む調査旅程表を別途作成しなければならない．

この調査旅程表が未提出の場合には，事故発生時の対応は後手にまわ

東ネパール調査　旅程表

<調査メンバー>
　海洋　一郎（B 型、1968 年 7 月 26 日生、パスポート TE3456789）
　雪山　登　（A 型、1969 年 7 月 16 日生、パスポート TE1234567）
<旅程表>
　1 月 10 日：札幌－東京（NH075）
　1 月 11 日：東京－伊丹（NH010）
　1 月 12 日：関西 1425-1840 バンコク（NH 151）
　1 月 13 日：バンコクで乗り継ぎ便待ちのため滞在（定時連絡日）
　1 月 14 日：バンコク 2055-2240 カトマンズ（KTM）（RA 408）
　1 月 15 日・16 日カトマンズ（トレッキングビザ取得・調査準備・定時連絡日）
　1 月 17 日から 23 日：東ネパール・ソルクンブ郡・ジュンベシ村にてフィールドワーク
　　カトマンズ－ジリ・・・バス移動、
　　パプル－カトマンズ・・・飛行機移動
　　カトマンズから 23 日に定時連絡
　1 月 24 日 カトマンズ 1240-1345 ボンベイ（IC 748）
　1 月 25 日 ボンベイ 1940-0625+1 関西（NH 956）
　1 月 26 日 関空より直行便で札幌（関空より定時連絡）
<連絡先>
　現地連絡先（1 月 24 日まで）：John Smith（カトマンズ）tel. +977-1-234567（日本語可）
　国内連絡先 1：東京　太郎（東都大学教授）tel. 03-1234-5678（自宅）、042-345-6789（研究室直通）
　国内連絡先 2：海洋　二郎　tel.03-3456-1234（自宅）、03-9876-5432（オフィス直通）
　国内連絡先 3：雪山　美子　tel.06-879-1234（自宅）、06-1234-5678（会社代表）
<保険等>
　海外傷害保険：AMA-VISA（カードセンター（03-4567-8901）
　カード番号：海洋 1234-5678-9012、雪山；9876-5432-1098）
　山岳保険：日本山岳協会一般共済（担当：○○海上火災公務開発部営業 3 課 tel.03-1234-5678）

図 2.3 旅程表の作成例（海外，広域調査の場合）

神田様・品川様・大崎様
中野です。来週の月曜日からの凸凹山調査の予定、以下の通りです。よろしくお願いします。
<メンバー>　中野、立川、豊田
<旅程>　6月10日：大学（昼発）ー諏訪ー凸凹山登山口（夕方着）
　11日ー14日：207林班・ササ刈りサイト調査（日野同行）
　15日ー16日：303林班・ササ枯れサイト調査（15日夜に立川は電車で帰京）
　17日：凸凹山登山口（朝発）ー大学（昼着）
<連絡>17日（出発前の9時くらいに神田研究室に電話します）
　中野携帯090-9876-5432、豊田携帯090-3456-7890
<宿泊>　凸凹山登山口　民宿深山荘（10ー16日）
<車>　カローラ（中野車）東京339さ11-78
<保険>　連絡網の通り
<緊急連絡先>　連絡網の通り

図 2.4　略式の旅程表の作成例（国内，固定調査地でのルーティーンワークの場合）

る．海外の調査でも，行動予定・装備・血液型などが記された行動予定表は事故対策本部の情報として非常に有効である．

ルーティーンの仕事をしている調査地で，緊急連絡網や事故対策方法が整備されている場合は，メンバー・日程・交通・宿・連絡方法の通達などを明示した表を，研究室内の黒板や掲示板に書くかメールしてもよい．

いくつかの研究機関では，野外調査に際して非常に詳細な計画書の提出を求めている．その例として，図 2.5 は総合地球環境学研究所で使われている計画書である．

(4)　個人情報の管理　詳細な個人情報（血液型・保険情報・歯の治療歴など）は，研究責任者であっても本人の了承なしには知るべきではない．しかし，これらの個人情報は，救援活動の重要な資料になりうるし，死亡事故では身元確認の最終手段となることもある．また，過去に起こった重大事故発生直後の混乱時には，個人情報の収集はきわめて困難であった．重大事故の教訓のひとつである．

そこで調査前に，これらの情報を所定の様式に書き込み，重大事故発生時のみ開封することを条件として厳封し，これを組織として厳重に保管する方法がある．その例として，図 2.6 は，京都大学生態学研究セン

（様式3）

野外研究活動計画書（1）　　国際交流係：受理日：　　年　　月　　日

プロジェクト名 （科研費課題名等を含む）	監督者・留守本部連絡担当者	承認日	提出日
	氏名		
	メール		
	自宅／携帯番号		

追加の留守本部連絡担当者：　氏名　　　　所属

勤務先等　電話　　　　メール

調査地情報等

				備考欄
海外国名		調査地域都市名		
国内県名		調査地域市町村名		
今回調査目的概要				

参加者氏名 ↓班長には◎印を表示のこと	所属機関名	出張期間		年齢	性別	調査地で利用可能な連絡先情報	
		出発日	帰着日			携帯電話	メールアドレス

行動を共にする者（カウンターパート、別経費による参加者等）

参加者氏名	所属機関名	参加期間	調査地で利用可能な携帯電話・メール等

現地共同研究機関等の有無	有	機関名			
	無	機関対応者名	電話		メール

危険野外生物等に関するリスクと対策　該当有　該当無	特殊調査機材の使用について　該当有　該当無
該当する場合は、具体的な計画内容を記入。	潜水、ザイル作業等がある場合は、具体的に作業内容を記入。 場　所： 作業内容：
参加者運転によるレンタカー利用：　有　無 運転者名： 区間（場所） 頻度など レンタカー会社の保険加入の有無　有　無	ドローン（無人航空機）の使用　有　無 操縦者名： 使用場所　海外 / 国内 （国内利用）国土交通大臣による許可・承認　必要　不要 必要の場合、承認日： 承認許可番号： （海外利用）現地の当該機関の許可・承認申請の有無確認を行ったか。 持出機器の海外利用の保険適用はあるか。 有　無
公共交通以外の*交通手段の利用について　該当有　該当無 *運転手付車両借上げ（tuk-tuk含む）、ボート、筏、ヘリコプターなど 交通手段： 利用場所： 頻　度：	

渡航先が海外の場合、裏面も記入のこと　**有/無　必要/不要　該当有/無**の表示は、左隣セルの選択▼にて✔マークを表示させて下さい。

図 2.5(1)　計画書（総合地球環境学研究所）の例

野外研究活動計画書(2)

海外渡航先情報

渡航国名	

渡航先が複数となる場合は主な調査実施地名を記入		外務省による危険情報	外務省による感染症危険情報
調査地域・都市名		https://www.anzen.mofa.go.jp/ 上記HPで危険レベルを確認し、下記に記載。	https://www.anzen.mofa.go.jp/ 上記HPで危険レベルを確認し、下記に記載。
①			
②			
③			
その他			

↑調査地が危険レベル2の場合、PL作成の海外出張等安全管理体制計画書(様式4)を添付して本計画書を提出して下さい。危険レベル3以上は渡航を取りやめ下さい。

必要とされる予防接種等（渡航先で該当のものには✔をし、渡航者が接種済のものには〇で囲む）

入国時必要　新型コロナ（　回）　黄熱病　コレラ　ペスト　その他：（　）

望ましいもの　破傷風　狂犬病　A型肝炎　腸チフス　脳髄膜炎　その他：（　）

最寄りの日本大使館・領事館

大使館/領事館名		電話番号	
住　所			

渡航先入国ビザ取得、旅行・野外活動保険等の加入状況

渡航者名	ビザ種類	ビザ取得	保険加入	保険加入手配先	渡航者名	ビザ種類	取得是非	保険加入	保険加入手配先

現地　調査許可等の申請	必要　不要		
必要とされる許可の種類:			
許可取得日(予定):	取得日:	取得予定日	

現地共同研究機関について

協定書の締結：	有　無	有の場合、機関名:
事前協議の有無:	有　無	現地共同研究機関の同行者の有無:　有　無

調査地からのサンプル持出:　有　無　品名:

渡航先への持ち込み制限品、注意すべき携帯品:　有　無　有の場合、下記の品目に✔印をするか具体的な品目を記載してください。

地図　GPS　パソコン　無線機等　その他:

調査機材:

渡航先への外貨持ち込み制限:　有　無　有の場合、金額記入

記入時、提出時の注意事項等

・有/無　必要/不要　該当有/無の表示は、左隣セルの選択▼にて✔マークを表示させること。

・旅行命令簿のコピー添付はありますか。

図 2.5(2)　計画書（総合地球環境学研究所）の例

(秘)　　　　　　　　　　　　　　　　　　　　　　　　　　　　(様式4)

研究者カード(非公開資料)　　　　　記載年月日:　　　年　　月　　日

※氏 名:	※生年月日:　　年　　月　　日
※血液型(該当を囲む): A B O AB , Rh(+) Rh(−)	
※(非常勤研究員・日本学術振興会特別研究員・大学院生の場合) 指導教員(受入教員): 氏名　　所属　　連絡先	
※住所1(主たる住居) 電話　(　　)	
※住所2(住所1以外にも居住場所がある場合) 電話　(　　)	
※住所3(帰省先等) 電話　(　　)	
※携帯電話　無・有　番号:	
※メールアドレス　(1)　(2)　(3)	
自家用車　無・有　車種:　年式:　車体色: ナンバー:　名義: 任意保険:(会社)	
自動二輪　無・有　車種:　年式:　車体色: ナンバー:　名義: 任意保険:(会社)	
(上記以外によく利用する自動車あるいは自動二輪) 車種:　年式:　ナンバー:　名義: 任意保険:(会社)	
学生研究災害保険　加入の　無・有　加入先(1) 加入先(2)	
一般(傷害)保険　加入の　無・有　加入先(1) 加入先(2)	
※パスポート　無・有　番号:	
自動車運転免許　無・有　番号:	
船舶免許　無・有　番号:	
その他研究活動に関連して有する資格	
主に利用するクレジットカード(カード種類:　　)	
主に利用するキャッシュカード(カード種類:　　)	
主に利用する金融機関等	

※印の欄については必ず記載願います。その他の欄は、記載は任意といたしますが、緊急時の捜索活動等に支障をきたす場合があることを認識下さい。

図 2.6(1) 個人情報カード(京都大学生態学研究センター)の例

秘

（研究者カード 続き）

※緊急時の連絡先（親族以外も含む）

(1)氏名：　本人との関係：

住所：

電話：　e-mail:

(2)氏名：　本人との関係：

住所：

電話：　e-mail:

※被扶養者の場合、扶養者の氏名・連絡先（上記にない場合）

氏名：　本人との関係：

住所：

電話：　e-mail:

主な共同研究者

(1)氏名：　所属：

連絡先住所：　電話番号：

(2)氏名：　所属：

連絡先住所：　電話番号：

(3)氏名：　所属：

連絡先住所：　電話番号：

※主な国内外の調査予定地（可能性のある場所はできるだけ多く挙げること）

・特になし

・日帰り、あるいは1泊程度で出かける調査地

・数日程度で出かける調査地

・1ヶ月あるいはそれ以上の長期にわたって出かける調査地

その他、研究以外の主な活動（バイト、NGO、クラブ等について活動場所）

健康上の留意点（研究活動に支障を及ぼす可能性のある健康上の既往歴等）

最近にかかった歯医者：

記載しました項目の内容については、相違ありません。

年　月　日

署 名

図 2.6(2) 個人情報カード（京都大学生態学研究センター）の例

ターで使われている個人情報カードである．どのような方法が最適かは，組織の規模やその構成員によって異なるので，構成員間で十分に議論したうえで，重大事故時に個人情報の収集が円滑に進む方策を講じておくべきである．

2.1.3 フィールド事故における保険の役割

事故が起きると，当事者や関係者は経済的にも大きな負担を負う．その経済的負担を軽減するのが保険である．調査の準備段階で，調査計画に応じた補償内容をもつ保険に加入することが重要である．

フィールド調査時の事故を補償する保険の加入にあたっては，親族などの保険金の法定受取人に対して，保険加入の意味と保険金の一部（特に捜索費用・救援費用）の供出を要請する可能性があることを，書面にて連絡することが望ましい．調査者が行方不明となり，捜索が長期に及んだ場合の費用分担に関して，捜索本部と行方不明者の親族の間で食い違いや確執が生じることも考えられる．そのような場合に備えて，組織的で円滑な捜索の費用を確保するために，法定受取人との間に事前の約定を済ませておくとよい．

一般の傷害保険は，登山行為などをその補償対象に含めない．そのためフィールド調査は，リスクを伴う行為として，通常の保険では補償されない可能性がある．特に，氷河や渓谷，岩場での調査，クライミング用のロープ（ザイル）を用いた高所調査，クレーンを用いた林冠調査などはきわめて危険な行為として，保険適用の対象外になる可能性が高い．また，旅行用傷害保険は，業務中の事故を補償対象としないのが普通なので，注意が必要である．

フィールド事故における保険は，何を補償する保険かにより，大きく以下の 3 つの内容に分かれる．

(1) 事故当事者の受傷（後遺障害を含む）や生命などを補償の対象とするもの　大学や研究機関に所属する職員の事故は，通常，事業所向け傷害保険や労働者災害補償保険（労災保険）などの制度で補償される仕組みになっている.

大学生・大学院生の場合には，調査が大学での正課の一環と認められれば,「学生教育研究災害傷害保険（学研災)」(公益財団法人日本国際教育支援協会）などの保険制度によってけがや死亡時の補償がされる．大学の学生課窓口で加入でき，また，保険料も安い．入学時に全学生を学研災に加入させている大学は多く，掛け金を大学が負担している場合もある．通常の卒業年次を越えて在学している場合は，保険期間が切れている恐れがあるので，追加加入する.

教職員の場合，事故の発生が就業中であることを明確に示せるかどうかが，保険適用の可否を決める可能性がある．大学生・大学院生の場合も，大学での正課中に起こったことを示す必要がある．調査計画書が事前に書類として提出されていることは，この意味できわめて重要である．また，多人数によるフィールド調査の場合には，旅行用傷害保険への加入も選択肢として考えられる.

(2) 捜索・救出などの費用に関するもの フィールド調査中の事故では，事故当事者やその関係者が負担すべきすべての費用が，上記の保険のみで担保されるとは限らない．また，通常の保険や共済では，初動捜索の費用の支払いに時間がかかることが多い．一方で，行方不明者が生じた場合の捜索費用は，非常に大きな額になる可能性があり，これを補償する保険に別途加入する必要がある．たとえば，行方不明者の捜索に関係者を派遣する場合や，民間ヘリコプターをチャーターし空から捜索する場合には，数百万円から1000万円前後の費用が必要となるため，関係者の金銭的負担は多大となる.

この点を補償するのが，掛け捨て型の捜索・救援費用特約付き傷害保険である．ピッケルやクライミングロープ（ザイル）の使用による高いリスクを想定した本格的な登山活動まで補償する山岳保険や，ハイキング程度のリスクを想定した野外活動を保証するハイキング保険（または野外活動保険)，あるいは，海域での活動を主な対象としたダイビング保険がある．山岳保険やダイビング保険の多くは，大手保険会社が引受会社となり，取扱代理店と共同で保険の企画設計を行っている．このため，補償内容は各社でかなり異なる．いずれの保険においても，研究室や大学の事務組織などの所属団体に行動予定が提出されていることが補償の条件である．予定の提出がない場合，保険金支払いが拒否される場合もある．また，勤務中（正課の調査を含む）の事故は，補償の対象外となる保険もあるので，約款を確認し，契約前に保険会社に説明を求めるべきである．

森林調査や動物調査などで，想定されるリスクがハイキングと同程度と見なされる場合は，ハイキング保険（または野外活動保険）への加入が有効である．

なお，「捜索費用」と「救援者費用」は定義が異なる．

捜索費用　遭難した被保険者を捜索，救助または移送する活動に要した費用．被保険者の遭難が明らかでなくとも，下山予定期日後 48 時間経過しても下山しない場合は，警察・消防団・公的機関・救助隊などに，親族が捜索依頼したことをもって「遭難の発生」と見なす（結果的に何事もなく無事に戻ってきても初動捜索費用は支払われる）．山岳登攀（とうはん）などのリスクの高い行為に適用される．

救援者費用　事故において保険契約者，被保険者，親族が負担した遭難救助費用，交通費，宿泊費，移送費用，諸経費をいう．事故に起因する緊急の捜索・救助活動の必要性が，警察などの公的機関により確認された場合にのみ支払われる（警察の遭難事故証明書の発行など，事故が起こったという公的認証が条件）．山岳登攀などのハイリスクの行為（クライミングロープ使用の場合など）には適用されない．

(3)　調査中に他者に与えた損害に関するもの　フィールド調査中の事故では，他者にけがを負わせたこと，あるいは他人の所有物などを毀損したことに対する責任を問われ，賠償を求められることがある．そこで，事故・過失への補償をする賠償責任保険や訴訟の費用に関する保険がある．研究機関によっては，機関自体が加入している場合もあり，自分や共同研究者が属する機関の加入状況を事前に知っておく必要がある．

学生や院生の場合には，(1) で述べた保険の特約として，学生研究教育災害傷害保険（学研災）なら学研災付帯賠償責任保険（学研賠）のような賠償責任保険がある．

上記にある保険の一部については，第5章に問い合わせ先を掲示した．ただし，このリストは網羅的なものではなく，本マニュアルの編集に携わった委員が利用したものなどの一部である．保険は内容の変更などが頻繁に行われるので，加入に際しては，加入者が保険会社に問い合わせ，内容の確認をしていただきたい．

なお，このリストについての問い合わせには，本委員会や日本生態学会は対応できないことをご承知いただきたい．

2.2 調査準備

2.2.1 リスクアセスメントと調査日程の設計（危険の予測と対策）

フィールド調査の前に，現場担当者と調査責任者はフィールドで発生しうる事故について協議し，危険の予測（リスクアセスメント）を行う．また，リスクが明らかに予測されるときには，これに対処するためのガイドラインを作成する．これらの情報は，事故が発生したときの救援活動のための基礎資料となるだけでなく，行方不明者捜索の資料ともなる．

(1) 調査地の特性の理解　野外調査を行うフィールドには，標準コースや危険な場所を教えてくれるガイドブックがないことがほとんどである．そこで，以下の項目について，地形図，天気予報，インターネットなどから事前に情報収集しておくと，事故のリスクを低減できる．

- 地形：　地質の特徴を含め理解しておく．深い谷などでは，多少の雨が降っただけで鉄砲水になる場合もある．
- 局地的な気象条件：　「この斜面は冬型の気圧配置のときは雪が吹きだまりやすい」，「この水域は西風になるとうねりが出やすい」などの局地的な情報に通じておくと気象被害に遭いにくい．
- 火山噴火

・地震と津波

(2) 調査地付近の施設の把握

・交通状況： 最寄り駅までの終バスの時間などを調べておく．季節によって，時刻表が変わる場合もあるので，注意が必要である．
・医療機関： フィールドに最も近い医療機関の情報（電話番号，住所など）を調べておく．けがや急病の場合，事前に医療機関に連絡することで，迅速に受け入れ体制が整えられる．ハチに刺された場合やヘビにかまれた場合なども，電話で的確な指示が得られ，被害を軽減できる．
・トイレ： 利用できるトイレの位置を確認しておくとよい．
・コンビニ・商店： フィールドから最も近いコンビニやガソリンスタンド，ホームセンターなどを営業時間とともに確認しておくとよい．
・シェルター： 火山での調査では，噴火時に備えてシェルターの位置を確認しておくとよい．

(3) 調査地での危険な作業の把握―特に狩猟について 調査地で頻繁に起こりうる「危険作業」として狩猟（有害鳥獣駆除も含む）が挙げられる．鳥獣保護区や自然公園地区，市街地を除き，調査地は狩猟地区となっている場合が多い（狩猟禁止区域でも有害鳥獣駆除は行われることがある）．以下では，日本における狩猟について説明する．

銃を用いた猟の場合，獲物と間違われ発砲される恐れがある．大型獣用の大口径ライフル弾や散弾銃（サボット弾，スラッグ弾）は，人に命中すれば死亡する確率が高い．鳥猟用の散弾銃やプレチャージ式空気銃であっても，近距離から急所に当たれば生命に危険が及ぶ．またくくり罠（スネアー）にかかってしまったイノシシやクマ類（くくり罠での捕獲は禁止されているがかかってしまう可能性はある）に，調査者が知らずに近づくと，攻撃される可能性がある．

狩猟期間は地域によって異なるが，一般には以下の通りである．

・北海道： 10月1日から1月31日（猟区では，9月15日から2月末日）

• 北海道以外：　11 月 15 日から 2 月 15 日（猟区では 10 月 15 日から 3 月 15 日）

ただし，狩猟鳥獣の保護や特定鳥獣保護管理計画のために延長または短縮されることがある．日時や狩猟地区などの詳しい情報は都道府県の自然保護あるいは環境行政担当部署に問い合わせて確認する（第 5 章参照）．

銃猟は日の出から日の入りまでと定められている．しかし，夜間に発砲する悪質な違反者もいるので，猟期には十分に注意が必要である．狩猟期間に，山中や湖沼や河川敷などに調査に行く場合は，蛍光色の目立つジャケットと帽子の着用が望ましい．特に北海道東部のエゾシカ流し猟では，事故が多いので十分に注意をする．違法な狩猟現場を見かけたら警察に通報する．また発砲方向に銃弾が止まる丘などの場所（バック・ストップ）がない開けた場所では，人が流れ弾にあたる事故も起こっている．このほかに，よく訓練されていない猟犬に襲われるなどの被害も想定される．

また猟期以外にも，必要に応じて有害鳥獣駆除のために銃器や罠の設置が行われる場合がある．有害鳥獣駆除が行われている地区は都道府県の狩猟担当部署や地元の猟友会などに確認するとよい．

このほかにも，自衛隊，海上保安庁，米軍などの訓練，発破作業などが調査地域近辺で行われる場合は，危険区域を十分に把握しておく．

2.2.2　交通・移動手段

フィールド研究における交通事故は，その利用する手段によって以下の 3 つに大きく分けることができる．

(1)　公共交通機関（定期便航空機・列車・バス・電車・大型船舶）での事故　日本国内では，公共交通機関は自動車などに比べて事故の危険性が非常に低く，長距離移動の最も安全な方法である．長距離を車だけで移動するよりも，公共交通機関とレンタカーを併用することが望ましい．

公共交通機関での事故は，規模がきわめて大きく，利用者自身にはほとんど防ぎようがない．公共交通機関の事故への対策としては，複数のルート・会社を比較し安全性の高いものを選択する，大人数の場合は複数の便・ルートを利用することでリスク分散する，などがある．また，旅行用傷害保険に加入することで，補償を手厚くすることもできる．

事故対策本部の作業の大半は，運行会社・大使館（海外）・保険会社との交渉・折衝である．これらがスムーズに行われると，遭難者および親族の負担は軽減される．また，遭難者側による捜査・捜索の余地は一般的には少ない．

事故の賠償責任の大半は運行主体（企業）が負うため，その補償能力は相対的に高いことが多い．ただし，運行主体を対象とする訴訟に発展する確率も相対的に高い．海外の場合は，賠償能力は国の経済力におおむね比例する．

(2) チャーター運行型交通機関（運転手付きの小型航空機・車・小型船舶）での事故　チャーター運行型交通機関は，公共交通機関と比べて会社の規模が一般に小さく，事故時に補償能力がほとんどない場合（特に海外で多い）があり，利用者側が傷害保険などによりカバーする必要がある．また，チャーター運行型交通機関の特徴として，運行ルートや会社・ドライバーを研究者が選択することがある．ドライバーやパイロットの技量が未熟な場合や，使用機材が古く故障が多い場合もあり，利用者の選択眼が重要になる．調査地周辺で過去に起きた事故についての情報収集が功を奏することがある．特に，途上国におけるヘリコプターや小型船舶の利用については，上記の問題点がすべて当てはまるケースが多いので注意が必要である．

事例 2.1　海外でのヘリコプター事故

1997 年に東ネパールのヒマラヤ山麓でチャーター運行中のヘリコプターが離陸に失敗し大破，ネパール人（研究協力者）1 名死亡，1 名重傷．同乗していた日本人観光客数名が重軽傷を負った．事故を起こした航空会社は，小さい会社で，補償規定の額が低かったので，実質的な補償はほとんどなされなかった．機材に問題はなかったものの，事故を起こしたパイロットは無免許であり正規のパイロット養成訓練を受けた経験もなかったことが事故後の調査で判明した．

(3) 研究者が操縦する自動車・小型船舶などでの事故　研究者が車・船舶などを操縦する場合の責任は，研究者本人にすべて帰せられる．出発前の運行点検・ルート設定・スケジュール設定・保険加入・操縦技術などに注意を払うのは当然の義務である．

日本の多くの研究機関では，調査は公用車またはレンタカーによって行われることになっている．しかし，実際には，調査に自家用車を利用するケースは多い．また，公用車の運転が認められない学生が，自分の車で野外調査を実施することもままある．自家用車を用いた調査中に自動車事故を起こした場合には，公務災害として扱われない可能性があり，公的な補償が望めないこともありうる．学生が加入している学生教育研究災害傷害保険（学研災）でも，補償対象となる可能性が100%であるとはいえない．それは，個人所有の自動車による事故が，「指導教員の指示による調査中」の事故であることを，事故後に証明するのが非常に困難なためである．この意味でも，調査計画書が事前に書類として提出されていることは，きわめて重要である．

(4) 自動車の運転　車を利用する調査では，以下の点に十分に留意する．

車の運転に習熟する　学生の場合，運転の経験がほとんどない状態で，レンタカーや知人の車を借りて調査に出掛けることがある．運転技術が未熟だと，交通事故の可能性は高まる．また，山道・林道などでは，その危険性はより高くなる．運転に自信がない場合は，運転の上手な人に同乗してもらう，練習するなどの必要がある．一方，自信に満ちあふれている場合も，しばしば非常に危険なので，注意すること．

乗り慣れていない車の運転　出先でレンタカーを借りる場合は，機器の操作や車幅に慣れていないため，十分に注意する．不慣れな機器として，特にカーナビの操作中の事故が多いと言われている．また，ウインドウォッシャー液が入っていない，タイヤの空気圧不足など，整備が不十分な場合もありうるので，運行前点検は十分に行うこと．

シートベルトを必ず装着する　事故にあった場合，シートベルトを締めているか否かが生死を分けることも多い．運転者・助手席に限らず，後席でも必ずシートベルトを締める．

時間に余裕をもつ　レンタカーの返却時間などが迫っていてあわてると，事故を起こしがちである．十分に時間に余裕をもって行動する．

2.2.3　調査に関わる届け出

調査を行う場所，調査項目，方法に応じて関係諸機関（環境省，海上保安庁，林野庁，地方自治体，漁業組合など）や民間団体，土地所有者への届け出および許可の獲得が必要になる．下記に主要なものを掲載する．

(1)　入山届　登山活動などを伴うフィールド調査（国内）においては，入山届を提出しなければならない．登山口・下山口に届けの箱が置いてある場合は必ず記入する．また，オフシーズン（冬季）に入山する際は当該の警察に計画書を提出しておく．登山届の様式は，日本山岳・スポーツクライミング協会[*2)]などのホームページからダウンロードできる．

(2)　国有林野入林許可申請書兼請書　国有林を調査地として利用する場合に必要になる申請書．フォーマットは全国でほぼ共通である．当該の森林管理署に出向き，森林の林班図のコピーと申請書式を入手し，必要事項を書き込んだうえで地図と林班図を添付して申請する．

(3)　民有林の使用許可書　国有林野（林野庁書式）以外の民有地では，自治体の農林水産課などで地権者を特定したうえで，国有林野に準じた書式を作成し，必ず地権者の承認を得，許可証として入林時に携行す

[*2)] https://www.jma-sangaku.or.jp/sangaku/plan/

る．求められた際に許可書を提示できれば，共有林や財産区有林であってもトラブルを回避しやすい．なお，森林利用許可申請書のフォーマットは一定ではない．

(4)　捕獲・採取許可（森林などの場合）　森林内などでの野生動物の捕獲時には，鳥獣保護法にのっとり，学術研究の目的で捕獲する旨を都道府県の鳥獣行政担当部局や環境省に申請し，認可を受けなければならない．都道府県に申請するか環境省に申請するかは種によって異なるので事前に確認すべきである．また哺乳類，鳥類以外の動植物も，種の保存法や自然公園法で採取を規制されているものがあるので注意すべきである．また，森林内での樹木伐採は立木の買い取り補償になる場合が一般的で，地権者と条件面で個別契約を交わす必要がある．なお，国立公園の特別地域内では一般地権者や林野庁に加えて環境省の認可が二重に必要になる．特別保護地区の場合は伐採を伴わない調査手法（生長錐など）でも環境大臣の認可が必要になることがある．

(5)　工事・作業許可申請書　船舶を利用して野外調査をする場合，海域によっては，事前に海上保安庁の調査許可が必要となる．対象海域によって窓口となる海上保安庁の管区が異なる．調査時に許可証を携行していないと，水を汲むだけでも違法行為と見なされるため，必ず携行すること．また国立公園内では，小型の捕獲罠の一時的な設置でも工作物設置許可が必要な場合があるので，環境省に事前に問い合わせるべきである．

(6)　特別採捕許可申請書　水産有用種を調査採集対象にする場合にはあらかじめ届け出による許可が必要である．届け出は各都道府県の水産課が窓口（許可者は都道府県知事）となるが，事前に調査海域を管轄する漁業協同組合の同意が必要である．対象種と届け出方法の詳細は各都道府県により異なる．なお，実際の調査にあたっては許可を有する場合も，漁協に調査予定をなるべく頻繁に知らせるようにする．特に夜間調査では事前に連絡をしておかないと密漁者と間違われて警察が出動することもある．

(7)　港湾内での調査許可　　港湾内での調査を行う際は許可が必要になる場合がある．詳細については調査海域所轄の港湾事務所に問い合わせること．

(8)　その他　　このほかにも天然記念物の調査許可（地方自治体の長の許可），無人島への上陸許可，地方自治体の条例などによる採集制限（例：鹿児島県十島村の昆虫類採集禁止）などが求められる場合もある．

2.2.4　海外調査における安全管理

(1)　文化的異質性を把握する　　国外で調査する場合には，よその国で調査をさせていただくという謙虚な姿勢を忘れてはならない．現状の情報収集だけではなく，簡単な近代史や現代史，民族構成などのレビューをして，それぞれの国と人々の歴史の流れをつかんでおくこと．現地で話されている言葉については，体系的に学習しないまでも必要最低限の簡単な会話をマスターするにこしたことはない．英語やフランス語などの国際語に堪能な人ほど，現地語をおろそかにしがちである．また宗教や習慣の異なる地域で調査を行う場合には，さまざまなタブーに触れないように慎重に行動したい．

(2)　政情不安・治安の把握　　海外の調査研究では，日本人研究者は強盗，誘拐，テロなどの標的になりやすい．また，スリや置引きは日常茶飯事と言ってよいくらいに発生している．どんな国，どんな街でも，犯罪の多発する場所と時間帯がある．また政情が不安定な国では，国政選挙などの時期に，政変や軍事クーデターが発生するケースが多い．もちろん，そのような場所や時期でも研究しなければならない場合もありうるが，それは流暢に現地の言葉をしゃべることができ，信頼できる人間関係を十分に築いた上級者向けである．

さまざまなトラブルを予防するためには，現地の日本大使館あるいは領事館の位置・連絡先を確認し渡航前にリストを作成し，最新の情報を入手するルートをもつことが重要である．長期滞在する場合には，日本大使館に在留登録を行う必要がある．渡航前には，外務省の海外安全ホームページ*3)（海外危険情報，国別海外安全情報，国別テロ情報，海外医療情報）を必ず確認しておくべきであるし，当該国以外の情報も役に立つことがあるので参照したほうがよい．特に情勢が不安な国では，NHK国際放送やBBCなどを聴いて常に状況の適切な把握に努めなければならない．実際にトラブルが発生した場合には，現地の大使館と迅速に連絡をとり対応にあたる．軍事クーデターなどの場合には，市街戦に巻き込まれるのを避けるため，事態が沈静化するまで外出は禁物である．民家や町中の小さい宿に宿泊している場合は，大使館などに居場所を連絡するとともに，大使館のアドバイスに従いながら，近隣の外国人客が最も多い大型ホテルなどに避難することを勧める．ホテル・大使館に避難する際にも，移動には細心の注意を払わねばならない．一部の発展途上国や小国など，現地国に日本大使館がなく外交ルートが限られている場合には，独立行政法人国際協力機構（JICA）や日系商社などと日ごろから密に連絡をとり合うとともに，非常の際にはアメリカ大使館やフランス大使館に救助を要請することも，あらかじめ検討しておくべきである．

(3) カウンターパート（現地で受け入れを担当する機関や人物） 研究調査を，相手国のカウンターパートが不在の状態で行うことは，最悪の場合，国外退去や投獄などの大変なリスクを負う可能性がある．カウンターパートに対しては，できれば研究機関同士の包括協定（MOU: Memorandum of Understanding，MOA: Memorandum of Agreementと略称される）を締結することが望ましい．さらに，遺伝資源へのアクセスが行われる場合（事実上，ほとんどすべての生態学の調査が該当する）には，ABS（Access and Benefit Sharing）指針に鑑み，「情報に基づく事前の同意（PIC: Prior Informed Consent）」と「相互に合意する条件（MAT: Mutually Agreed Treatment）」を設定する必要がある．そのうえで，あるいはその必要がなくとも，それぞれの国の法令に違反しないように，事前に十分に調査の内容を伝えて，必要な許可（入域許可，調査許可，採取許可，輸

*3) https://www.anzen.mofa.go.jp/

出許可など）を得る必要がある．

(4) 相手国の法令の把握と遵守　外貨や調査機材の持ち込み制限がある国や，GPS や地図，自動撮影カメラを所持しているだけで法令違反になる国がある．軍事施設はいうまでもなく，国境，港湾，空港，鉄道などに立ち入る，あるいは写真を撮影するだけで警察に拘束される場合もある．調査機材によっては課税される場合もあるので，あらかじめ機材リストを作成し，入国時に税関などで提示を求められたら提出できるようにしておく．標本の無断持ち出しは，国内法はもとより，国際条約にも違反する場合があるとともに，不正に持ち出した標本にもとづいた論文の発表は研究倫理に反するなどの支障があるため，論外といってよい．これらの法令違反は，当人の身の危険や研究の中断を招くだけでなく，当人の所属研究機関，さらには日本人研究者に対して，今後の調査研究活動に悪影響を与える．標本や試料については，必ず相手国の検疫や税関で認可を得たうえで持ち出すこと．骨董品も文化財として持ち出しを制限している場合がある．なお，この作業は相手国のカウンターパートがいないと許可が出ないことが多い．また，帰国の際にも日本側の動物・植物検疫や税関で必要な手続きを踏んでから日本国内に持ち込む必要がある．

(5) 現地の医療体制の把握　海外で病気や事故で負傷した場合に，現地の風土病や医療体制についての知識の有無が生死を分けることがある．特に，医療体制が充実していないアジア・南米・アフリカ諸国では，外務省の海外医療情報や厚生労働省の海外感染症情報から，事前に情報収集すべきである（5.5 節参照）．急病発生時の患者の一般的取り扱いや運搬方法については，第 3 章で述べる．

(6) 感染症の予防　熱帯でのマラリアとデング熱，アジア圏での A 型肝炎・細菌性急性腸炎などは，多くのフィールド研究者が感染しておりリスクが非常に高い．「自分もかかることがある」という前提で予防を行うべきである．亜寒帯でも，北海道のエキノコックス症やロシア極東地方のダニ媒介脳炎（日本国内でも感染地がある）などの危険性は高い

(3.4 節参照). 各種感染症については，後述の予防接種の項も参照されたい（3.4.3 項参照）. 特に哺乳類や鳥類の研究者は，ハイリスク集団となりうるので人獣共通感染症に十分に注意すべきである．また狂犬病は犬だけでなく家畜・野生を問わずすべての哺乳類に感染可能なので，狂犬病流行地域で動物に接触するときは注意すること．

海外渡航時は，常用薬のほかに，風邪・下痢・切り傷などの薬（解熱鎮痛薬や抗生物質），包帯・ガーゼ・消毒薬・脱脂綿，および蚊取り線香・蚊よけスプレー・蚊帳（マラリア発生地では必須）などを携帯すること．現地の薬などは信頼できる病院や薬局で購入する．また，日本で処方されている向精神薬系の薬でも，国によっては所持を禁止されているものもあるので，事前に持ち込み可能かどうかチェックすること．

途上国では，医療器具の消毒が十分ではないために，病院で体液感染型の感染症（AIDS・肝炎など）にかかることがある．現地の状況によっては注射器などの基本的な医療器具を持参することも必要である．

海外調査で発症例が多い感染症として以下がある．

- A 型肝炎
- 細菌性急性腸炎
- チフス
- アメーバ赤痢
- コレラ
- 熱帯熱マラリア
- デング熱
- フィラリア
- 狂犬病
- ダニ媒介脳炎
- 新型コロナウイルス感染症（COVID-19）
- インフルエンザ

2.3 調査中の注意

2.3.1 フィールドでの行動における一般的注意

ここでは，無積雪期の山地・森林・草地での調査を想定しつつ，一般的な注意を述べる．海洋や水辺，雪山などで調査を行う場合も，この項を読んだ後，第 4 章の該当個所を参照していただきたい．

野外調査での身体作法の基本は，「疲労しない」ことにつきる．疲労すると，判断力も低下し，通常では起こしえないミスの原因になる．疲労は，事故の要因になるだけでなく，調査の質も低下させる．また，登山などの経験が豊富な人も，体を動かす時間が長い登山と野外調査の違いを知っておく必要がある．運動を目的とした場合に比べ，動きの少ない調査では独特の体温低下や疲労蓄積が起こりうる．

(1) リーダー　リーダーは，野外調査にあたって，メンバーの安全に対して一番大きな責任を負うことを十分に自覚する．そのうえで天候やメンバーの体力と疲労などを加味し，調査を実施するかどうかを決定する．調査中もグループの個々人の様子に十分注意し，経験が少ないメンバーに対しては，雨具や防寒具の着用の指示なども行う．リーダーの判断は，メンバーの生死を左右しうることを忘れてはいけない．軽率な判断を下して重大事故を起こしたリーダーは，その後の人生において非常に重い後悔を背負うことになる．そうならないためにも，安全を最優先とする判断を行うべきである．

(2) 体調管理　フィールド調査前の体調管理が，きわめて重要である．野外調査の直前は，仕事が立て込み，無理をしがちだが，必要な睡眠をとり，体調を整えて調査に出ることが大事である．また，疲れ気味である場合は，その事実を認め，移動・行動中の休息時間を多めにとるなど，体力と注意力の維持に努めなければならない．なお，本当に体調に不安がある場合は，思い切って調査を中止する．データよりは，命や健康のほうがはるかに重要である．

フィールドで遭難した場合（たとえば道に迷うなど），けがなどがなければ，基礎体力がある人のほうが，そうでない人よりも生還の可能性が高い．野外調査に行く機会が多い人は，日ごろから運動をするなど体力維持に努める必要がある．特に，加齢とともに基礎体力・筋力は低下するので，中年以降は意識的に体力維持・向上に努めるとよい．トレーニング方法については，山本（2016）『登山の運動生理学とトレーニング学』が詳しい．

(3) 皮膚をさらさない　野外活動時は，体表面を極力さらさないように心がける．長袖・長ズボン・帽子またはヘルメットを着用し，目の保護も兼ねたアイウエア（サングラス）も着用する．体表面を覆うことで，夏場は日焼け・熱中症を避けることができ，冬場は体温の低下を防げる．また，有刺生物や毒虫などから体を保護できる．夏場の体温調節は，袖の長さではなく，服の素材を選ぶことで行う．登山用や運動用の新素材は，短時間で体表面の汗を吸収し発散させるので，長袖でも暑くなりにくい．また，日焼け止めクリームなどを塗布し，紫外線の直射を避けることも重要である．唇の日焼け対策には，リップクリームも使用するとよい．ただし，これらは調査の前に試用すべきである．冬場は防風を徹底し，体温維持に十分注意する．調査では運動量が少ないため，特に保温性の高い衣服が必要である．

(4) 体をぬらさない　体がぬれると体温が急激に低下する．特に，体がぬれた状態で風に吹かれると，体感温度が下がり（風速 1 m/秒で 1°C ずつ下がる），低体温症になる可能性もある．どんなに天気が良い場合でも，雨具（レインコート，上下セパレート式が望ましい）を必ず携行する．また，透湿性のない雨具を着用した場合，蒸れのために体が冷える．安価ではないが，ゴアテックスなど透湿性と防水性を兼ね備えた素材の雨具は，このような問題が生じにくい．

(5) 定期的な休憩（無理しない）　疲れを感じる前に，定期的に休息をとるようにする（登山活動では 45～50 分の行動に対して 10～15 分間の休憩が目安である）．休息の際には，水分や補助食をとる．本項の（7）も参照されたい．

(6)　活動時間　日没以降の野外調査では，滑落，転倒，ルートミスなどの事故の危険が飛躍的に高まる．研究の都合上，夜間に野外で活動する必要がある場合は，昼間に十全な下見をし，安全を確保する．昼と夜では目に映る風景が一変するので，昼間よく訪れている場所でも迷うことがある．夏場は午後に雷雨に遭う可能性が高まるので注意する．冬は，日没までに活動を終える計画にする．

(7)　水分補給・食事　徒歩による調査の場合は，のどの渇きを感じる前にこまめに水分補給する．夏場は，特に多めに水分補給をする．登山中に失われる水分量の推定式として，

脱水量（mL）= 体重（kg）×行動時間（h）× 5

が知られている（山本（2016）『登山の運動生理学とトレーニング学』）．一方で，自転車競技など発熱発汗量が非常に多い場合は，1 時間に 700 mL 程度の給水が必要であると言われている．トイレの心配から水分補給を控える傾向が女性には強いが，脱水症状に陥らないために，適宜水分をとらなければならない．冬はのどの渇きを感じにくいが，渇きを感じなくとも定期的に水分補給に努める必要がある．この際に，塩分も適切に補給する．

携行する食料は，腐りにくく，かつ消化の良いものを選ぶ．長期の調査の場合は，食の好みにも注意を払って食料計画を立てるとよい．食事によって十分な栄養を補給できないと体力低下・疲労を招きやすい．軽装の登山中の行動エネルギー量を推定する式として，

エネルギー消費量（kcal）= 体重（kg）×行動時間（h）× 5

が知られている（山本（2016）『登山の運動生理学とトレーニング学』）．摂取エネルギー量の不足は，バテにつながるし，気温が低いときには低体温症の原因となる．

補助食には，ブロック状の黒糖や，腐敗の心配がなければドライフルーツなどが良い．糖分とミネラルが補給できる．非常食は保存が利き，糖分とミネラルに富み，かつ水なしで摂取できると理想的だが，水分の少ないものは，のどが渇いているときには食べられないことが多い．また，

水分の多いものは重量がある．登山用品店などでいろいろなものが売られているので，一度食べてみて味の好みやのどごしによって選ぶとよい．

(8) ウォーミングアップ・クールダウン　調査を始める前と終了後に，簡単なストレッチを行うと，けがの予防と疲労の軽減および疲労回復の促進になる．スポーツ用のアミノ酸サプリメントの服用やスプレー式鎮痛消炎剤の使用は，筋肉の疲労防止・軽減に効果があるとされている．

(9) 宿泊　宿泊を伴う調査の場合，夜間に十分に体を休め，体温を十分に保ち，衣類や靴を乾かすことが重要である．シュラフでの就寝，テント泊では，慣れないと眠れないことや眠りが浅いことも多い．野外調査の経験が十分でない間は，宿泊数が少なくても済むような調査計画とする．山小屋などで，雨漏りなどがある場合は，遠慮をせず，小屋の中で状況の良いところを探して利用する．また，リーダーは，経験の浅いメンバーの睡眠状況を含めた疲労度にも注意を払う必要がある．宿泊時に十分な休息がとれなかった場合は，疲労の蓄積を考慮し，翌日以降の調査計画を見直さなければならない．

(10) 積雪期の行動　積雪がある場所でフィールド調査を行う場合は，無積雪期の行動技術に加え，雪上での安全を確保する知識・技術・道具が必要となる．また，同じフィールドであっても，積雪がある場合のリスクは，ない場合に比べて飛躍的に高まる．雪山経験が豊富な人に同行してもらい，かつ安全確保のための技術を講習会などで習得する必要がある．積雪期の転倒は，そのまま滑落などの重大事故につながる可能性が高いので，特に注意する．体温低下を防ぐためにゴアテックスなど防水性の高いジャケット・パンツなどの利用を勧める．手や足は凍傷になりやすいので，スパッツ・オーバーグローブで十分に保温する．また，雪山は紫外線が多く，角膜の炎症（雪目）が起こりやすい．アイウエア（サングラス）を必ず着用する．

(11) ヘルメットの着用　落石や落枝など落下物や飛翔物，あるいは転落・転倒の危険がある場所では，安全のためにヘルメットを着用するべきである．大学の演習林でも，ヘルメットなしでの入林を禁止するところが増えてきている．

2.3.2 排泄と生理（月経）への対処

排泄の問題は，フィールド調査では誰にも等しく関わる重要問題であるが，用を足すための場所をより選ぶ必要がある女性にとっては，特に切実な問題である．また，女性にとって排泄と同様にフィールドで切実な問題となるのが生理である．一番大切なことは，どちらも我慢をしないことである．男性の同行者もしくは指導教員が，女性に特有な問題に理解と配慮ができることは，安全に円滑にフィールド調査を進めるうえで重要である．研究室内で普段から相談しやすい雰囲気を作っておくことも重要である．

(1) 排泄　環境を保全するため，フィールドでもトイレを利用することが望ましい．調査地周辺にあるトイレの場所を事前に確認しておくことが重要である．山小屋などのトイレでは利用料が必要な場合があるので，あらかじめ小銭を用意しておく．山岳では携帯トイレブースしかない場合もあるので，その場合は携帯トイレを持参する．重要なことはトイレの回数を少なくする工夫である．調査前もしくは調査地へアクセスする前にトイレを済ませておく．コーヒーや緑茶はカフェインを多く含み，利尿作用があるため，調査中は過剰なカフェイン摂取は避ける．調査中はこまめに水分補給をしたほうが，トイレの回数を減らすことができる．水分は，一度に大量に飲むよりも，こまめに摂取したほうがより体内に吸収されるからである．チューブがついたハイドレーションをザックなどに装着して，こまめに水分を補給することはお勧めである．

やむを得ず，トイレがない場所で用を足す場合は，携帯トイレなどを持参し，排泄物や使用済みのティッシュなどを持ち帰る必要がある．特に貧栄養な環境など脆弱な環境下では，排泄物が水源に流入しないように十分に留意する．登山用品店で販売されている携帯トイレには，防臭チャック袋が入っていて，臭い漏れを防いでくれる．やぶや茂みに入って用を足す場合は，入る場所に自分のザックを置いておくとよい．ザックが目印になり，万が一，滑落や転倒事故があった場合に，同行者が探しやすい．隠れる場所がない状況では，ツェルトやポンチョがあれば，頭から被って目隠しをすることができる．折りたたみ傘も同様に使える．同じ場所で調査を続ける場合は，最初にツェルトなどでトイレ用のシェルターを立てておくのもよい．携帯トイレなどを持参していない場合は，自然環境への影響を最小限にするために，地面を 10 cm ほど掘った穴で行い，ティッシュを燃やし，穴を埋める（深く掘りすぎると分解が遅くなる）．

一番大切なことは我慢をしないことである．トイレが心配で，水分補給を控えるなどすれば，季節によっては熱中症になりかねない．我慢をして足元がおぼつかなくなれば，事故にもつながる．下痢などの体調不良にならないように事前の体調管理も重要である．

(2) 生理（月経）　生理は開始してからの腹痛もつらいものだが，開始数日前から月経前症候群（PMS）が現れる場合がある．PMS は，イライラする，疲れやすくなり，眠れない，いつもより寒い・暑い，痛みがある，吐き気がある，決断力が減退する，ネガティブになるなど，症状は人によってさまざまである．思った以上に体が動かず，けがや事故につながりやすい．自分が月経周期の中でいつ・どのような症状に見舞われやすいのか，普段から意識しておくとトラブルを避けやすくなる．

生理の予定日を避けて調査日程を組むことができればよいが，定期的な調査やチームでの調査では，そうできない状況もあるだろう．山岳など標高が上がると，予定外に突然生理が起こることもある．そのようなときは，自分の体調にあわせて無理をしないことである．調査の難易度を少し下げたり，泊まりの計画を日帰りにしたり，無理のない計画に変更する．同行者に伝えておくことも重要だが，相手が男性で言いにくい場合は，「体調が悪い」ということだけでも伝えておく．

生理に備えて，フィールド調査では痛み止めなどの常備薬を携帯する．使い捨てカイロで下腹部を温めるとつらさが和らぐこともある．サニタリーショーツ，黒いタイツ，色の濃いズボンなど服装を工夫するのもよい．サニタリーグッズは普段よりもボリューム感のあるものを選ぶ．服を汚すことが心配な場合は，成人用おむつも有効である．渓谷・河川や海洋・水辺での調査などで水に浸かる場合は，タンポンを使用する．こまめに替えることができない場合や，症状が重いときは，中止や延期も必要である．体を冷やすと体調はさらに悪化してしまう．調査中の臭いを防ぐためには，ハッカスプレーなどの虫除けスプレーが有効である．事前に下着に除菌消臭剤を吹きかけておくだけでも，イヤな臭いが軽減される．テント泊の場合などでは，大判のウエットタオルがあると，体全体が拭けるので清潔感が保てる．運動性が高い調査では，運動時の体の動きにフィットするナプキンも有効である．生理周期が不規則な場合は，ナプキンは常に携帯する．ナプキンのズレや蒸れが気になる場合は，タンポンを使用する．これらの生理用品は，トイレ用品（携帯トイレ，トイレットペーパー，黒いビニール袋など）とセットにしてスタッフバッグにまとめておけば，人前でも気軽にもっていける．

また状況・体調によっては，低用量ピルやホルモン剤などで生理の日をずらしたり，出血量を減らすという選択肢もあるので，婦人科で相談するのもよいだろう．

2.3.3　危険生物への対処

重篤な被害をもたらす生物に遭遇した際の対処法について簡単に述べる．詳細は 3.4 節を参照.

(1)　ハチ（スズメバチ・アシナガバチ類・ミツバチ）

- 巣のない方向に速やかに移動し，さらなる攻撃や新たな個体の攻撃を避ける．
- あわて過ぎてパニックに陥らない．パニックになると毒の回りが早くなる可能性がある．

〔症状が軽い場合〕

- 毒針や毒のうが残っている場合には，ただちに取り除く．
- 抗ヒスタミン軟膏やステロイド軟膏を塗る．あらかじめ医師から抗ヒスタミン錠剤などの服用を指示されている者は，服用する．

- 毒を吸い出すための吸出器（インセクト・ポイズン・リムーバー）などで毒を吸い出す．

〔症状が重い場合〕

- ハチショック経験者でハチアレルギー体質者が刺された場合や，その他の者であっても最も危険とされる頸部，頭部などを刺された場合や多くのハチに刺された場合は，自力歩行は絶対にさせない．
- 仰向け（あおむ）けにし首もとをゆるめ，楽な体位にする．
- アナフィラキシー・ショック（急性アレルギー症状で呼吸困難，めまい，意識障害，血圧低下などを伴うショック症状）が見られた場合，ただちにエピペン®を注射する．エピペン®注射後，一刻も早く医療機関（できればアレルギー科か皮膚科）で専門的治療を行う．
- 刺したハチの種類が特定できる場合は確認しておく．
- エピペン®は，ハチアレルギー検査を行い抗体値が高いと処方されて，購入することができる．

(2) 毒ヘビ（マムシ・ヤマカガシ・ハブなど）

- 患者を休ませる．安心させる．1人しかいないときは，とにかくあわてない．
- かまれた局部を動かさない．
- アナフィラキシー・ショックのような全身症状に気をつける．
- 医療機関に連れて行き，経過観察しつつ透析・血清治療などを受ける．
- かんだヘビの種類を特定できるように確認しておく．

(3) クマ（ヒグマ・ツキノワグマなど）

- これらの活動が高い地域では単独での行動は避ける（攻撃による死亡者のほとんどは単独行動）．
- 威嚇行動である場合やクマから十分に離れている場合は静かにその場から離れる．
- 攻撃を受けそうだったらクマ撃退スプレーを使う．
- 格闘に至ったら，とにかくあきらめずに抵抗する．

- 運よく生き延びたら，即座にその場から安全な場所に移動する．

(4)　サメ（ホホジロザメなど）

- サメに遭遇したらとにかくその場からあわてずに立ち去る．
- 攻撃してきたら，ナイフや棒など，なければ素手で鼻先やえら，目を打撃する．
- サメが人体の摂食行動を開始したら有効な手だてがないので，あらゆる抵抗を試みる．

(5)　毒キノコ・毒草による食中毒やかぶれ　　十分な知識がないまま野生のキノコや山菜を採集して食べることは危険である．山菜は芽生えのころには見分けがつきにくく，食中毒事故が多発する．調査はキノコ狩り・山菜採りではないことを心にとどめておきたい．ただしまれに買ったキノコで中毒する事故もあるため，現地で買ったもの・宿などで出たものでも，種同定ができるとよい．

- 異変が起きたら即座に医療機関に連絡する．
- 種類を特定できるような材料をとっておく．
- 嘔吐できる場合は吐かせる．
- 死亡事故を起こすキノコは比較的少ないので，主要なものは覚えておく（毒キノコデータベースなど．5.5 節（8）を参照）．

毒キノコであるカエンタケは，触れるだけで皮膚の炎症を引き起こす場合もあるので注意が必要である．また，ウルシの仲間やイラクサなどのかぶれる植物についても事前に図鑑などで把握しておき，調査中に触れないように注意するべきである．

2.3.4　気象変化への対処

フィールド調査での気象災害の多くは雨・雷に起因するものである．詳細やその他については第 3～5 章を参照されたい．

(1)　天気判断　　長期予報は随時変更されるので，常に天気の変化に注意し，予報の修正に対応する．調査地が安全な場所から離れている場合，天気の悪化を早めに予測して，余裕をもって退避する．北半球中緯度は偏西風の影響下にあり，天気が西から変わる．広域で共通の気象現象のほかに，地域固有の気象・地形性の特殊な変化があるので，事前に当該地域の情報を得ておく．

携帯電話のサービスには，天候悪化の際に自動で警報発令などの情報がメールで受信できるものやピンポイントの地域の天気予報もある．電波が届くエリア内であれば，これらを利用することも急な天候の変化を知るひとつの方法である．

(2) 雷　夏の日射で雷雲（積乱雲）が発達するため，野外での活動を早朝から始めて，できるだけ早い時間に終わらせるようにするのが望ましい．雷雲の発達は急速で，5 分以内に積雲から積乱雲に発達することもある．日本のはるか北を温帯低気圧が通り，そこからのびる寒冷前線の延長が日本を通過すると，天気には影響は現れないが，日本の上空にやや冷たい空気が入り雷雲が発達しやすくなる．このような場合は，早い時間から雷になることがある．この冷気が通過するには 3 日ほどかかるため，その間は雷が起きやすい．夏以外でも，寒冷前線（特に強い寒気を伴う場合）の通過に伴って，広い範囲で雷雲が発達することがある．このような雷は，季節，時刻を問わずに起こり，継続時間も長い．

携帯電話が使える状況であれば，気象庁のホームページや天気予報アプリから気象情報を得るとよい．気象に関する注意報・警報が掲載されている．気象庁の雷ナウキャストや，その情報を使用した天気予報アプリでは，雷の危険度（活動度）や位置もわかる．行動開始前にこれらの情報を確認しておくと，雷の発生をより早い時点から警戒できる．

遠方で雷雲が発生して近づいてくるときは，AM ラジオに入る雑音によって知ることができる．ただし，DSP 方式のラジオ（DSP プロセッサーでデジタル処理する）は，雷探知には適さないと言われている．雷鳴が聞こえるようであれば，すでにかなり近く，音が小さくても落雷の可能性はある．遠雷が聞こえ始めたら，調査途中であっても即座に撤収し避難しなければならない．

雷は高いところに落ちる．草原や海で，周囲に高いものがないときは人に落ちる．金属を身につけていてもいなくても，落ちる確率は変わらない．山の稜線，特にとがったピークは落雷率が高く，数 km 離れた雷雲からでも横方向に落雷する．最も安全なのは車の中で，近くに車があるなら，その中に避難する．建物では，壁や柱からは離れる．木に落ちた雷の側撃を受けるので，木の下で雨宿りをしてはいけない．木およびその枝葉からは，少なくとも 3 m 以上離れること．木の先端を見上げる角度が 45〜60° の範囲は，雷の影響を受けにくい「保護範囲」とされるが，絶対ではない．何もない場所では，できるだけ低い場所，くぼんだ場所に伏せる．沢にいるときは，急激な増水にも注意しなければならない．

(3)　台風　台風は観測体制が整っているので，AM ラジオの情報でも十分対応できる．常に最新の情報を得るようにする．台風がまだ南海上にあるときでも，日本付近に停滞前線があると，台風が遠いうちから強い雨が降る．

(4)　集中豪雨やゲリラ豪雨　近年，集中豪雨による急激な増水による被害が続出している．まだそれほど水位が高くないからと油断して，5 分もたたない間に一気に水位が上昇し，身動きがとれなくなり最悪の場合は死に至るケースもある．河川付近での調査の際は，天候の変化に十分留意し，無理に調査を続けない判断が必要である．山間部，傾斜地，崖近くでは土砂災害の危険性が高いので，絶対に近づかないこと．

また，周囲よりも少しでも低くなった道路では，冠水し車のエンジンが止まってしまうこともある．水深が 5〜10 cm 程度でもエンジンに浸水する恐れがあり，電気系統が動かなくなると窓も開けられないので，窓ガラス粉砕用のレスキューハンマーなどを車に常備しておくことも大切である．

2.3.5　道に迷った場合の対処

まず，その場で少し休んで落ち着くことが重要である．

(1)　現在位置の確認　行動中は，頻繁に自分のいる位置を地図とコンパスで確認していれば，道に迷うことはまずない．傾斜器・水準器のついたクリノメーターも有用である．現在位置の確認を怠ることで，道迷いは起きる．山のピークや人工物など明らかな目標物がある場合を除いて，迷ってからでは，自分の位置を確認することは難しい．万が一，道に迷ってしまった場合，GPS をもっているなら，その情報を参照する．戻る方向がわかるなら，わかる場所まで戻る．見通しが悪く，現在位置がわからなければ，尾根などできるだけ見通しの良いところに出て周囲の地形を観察し，位置を確認し方針を決める．やぶの中にいる場合は，近くの木に登って周囲を観察する．不確かな推測・思い込みで動いてはいけない．

(2) リングワンダリング　地形がゆるやかで目標のない場所を歩いているとき，いつのまにか元の場所に戻っていることがあり，これをリングワンダリングとよぶ．人間は目標がないとまっすぐ歩くことができず，左右どちらかに回ってしまうためである．見通しのきかない樹林，特徴のない草原，霧や吹雪で見通しがきかない雪原で起こりやすい．濃い霧や吹雪のときは行動するべきではない．

リングワンダリングに陥ったと気づいたら，まず現在位置を確認する．確認できたら地図とコンパスで進む方向を修正しながら少しずつ進むことも可能だが，無理をしてはいけない．自信がなければ，視界が良くなるのを，ビバークしてでも待つほうが安全である．見通しの良いときでも，可能なら草原や雪原の真ん中ではなく，目標の得られる縁を通り，目標を記憶しておくべきである．GPS をもっているときは軌跡を記録しておき，出発点に戻れるようにする．

(3) 尾根に出て登る　日本の山では，尾根に登山道があることが多い．人の道がない尾根でも，獣道がある場合は多く，部分的にでも踏み跡があれば早く正しい道に出られる可能性がある．道のある山で道を見失い，尾根を下ると崖に行き当たり，さらに危険で急な支尾根に入り込むこともある．道のない尾根に出た場合は，登って主稜線に向かえば道に出られることが多い．全く道のない山でも，尾根のほうが安定しており，登下降路として安全であることが多い．

(4) 沢を降りない　危険のないことがわかっている沢以外は下ってはいけない．迷ったときに未知の沢を下り，滝があったときクライムダウンできるとは限らない．ロープがあっても懸垂下降の支点が得られない場合や，長さが足りず，中間支点も得られない場合もある．また，沢を登り返せなければ，動きがとれなくなる．未知の沢を下るのは，危険が大きすぎる．

(5) 岩場などに阻まれて，手持ちの装備では脱出できない場合　尾根を登っていて岩峰が現れ，それ以上登れず，引き返すことも難しい場合は，動ける範囲で安全な場所を探して救助を待つ．通信手段があれば救助を要請するが，それがなければ留守本部が遭難に気づき，救助を要請するまで待たねばならない．

(6) ビバーク（不時露営）　ルートを見失って日没が迫っている場合や，天候悪化・強風・疲労などで行動が難しくなった場合には，できるだけ風の当たらない安定した場所を探し，そこで朝または天気の回復を待つことになる．これをビバーク（不時露営）という．

体力・判断力の極限まで行動せず，早めにビバークを決める．そのほうが良い場所を探せるし，心理的にも余裕をもてる．ビバークするときは，決して悲観的にならないことが大切である．簡易テント（ツェルト）（図 2.7）を張るか，被る．着られる衣類などは全部着て，少しでも休息できる体勢で可能ならば眠る．ツェルトがない場合でも，風当たりの弱い，少しでも休める場所で，体力を消耗しないようにして明るくなるのを待つ．やぶの中に入れば，風が避けられることがある．また，風が弱くても落石があるので，崖下は避ける．滑落の恐れがあるような場所では，細引きやロープで立木と自分をつなぐなどの安全策も必要になる．通信が可能なら，留守本部に自分の居場所と状態を伝える．

ビバークに備えて，糖分に富み，水なしで食べられる非常食を携行する．

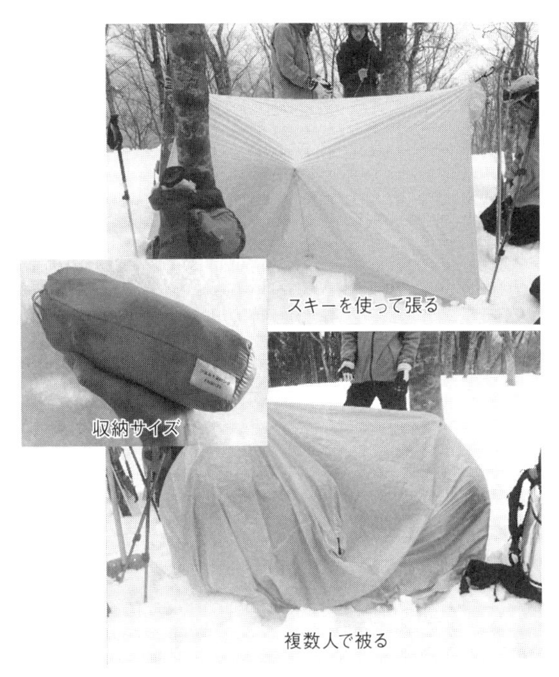

図 2.7　簡易テント（ツェルト）

2.3.6　人による危険への対処

野外調査では，犯罪の被害を受ける可能性も考慮すべきである．調査地の多くは，人がまれにしか通らない場所，大声を出しても近隣住民に聞こえない場所（里地・里山，農村部も含め）なので，用心を重ねなくてはならない．都市部であっても，学校や公園と近接する場所は，特に夜間に人通りが少ない．人が少ない場所での単独の調査は，避けることが望ましい．また調査地の地形・ルートに精通しておき，不審な人物を見かけたときにどのように隠れ，逃げることができるか，あらかじめシミュレーションしておくとよい．

調査者が女性の場合は，女性であることが遠目にはわからない服装をしたほうがよい．暗い色の服装だと物陰・夜陰にまぎれて隠れやすく，犯罪被害に遭いにくい．ただし夜間の車道では，白っぽい色のものを身につけたほうが，交通事故を避けるうえで有効だろう．また，狩猟が行われる場所・時期には，誤射の危険を避けるために目立つ服装をするとよい．

深刻な犯罪には至らなくても，地元住民との間や，ともに調査する仲間との間に葛藤が生じることもある．

事例 2.2　地元の男性による女性大学院生へのつきまとい

女性大学院生が調査のために借りていた家に，地元の男性（指導教員と面識あり）が複数人訪れ，夜遅くまで帰ろうとせず，大学院生が途方に暮れたことがあった．翌日彼女から連絡を受けた指導教員が男性たちに抗議の申し入れをしたところ，その後は特に問題となる行動はなかったという．

事例 2.3　男性学部生から女性学部生へのストーキング

女性学部生が頻繁に調査の手伝いを頼んでいた男性学部生が，ストーカーになったことがある．卒業により自然解決したが，類似の事例はほかにもある．対策としては，同じ異性に繰り返し調査の手伝いを頼まない，言葉と態度の両方で「手伝いを頼んでいるだけである」ことを相手に伝える．また，深刻な事態に至る前に，仲間や指導教員などに相談するとよい．指導教員は，ストーカーに関する学生の相談に乗れるように，臨床心理士など専門家の助けを借りられるような準備をしておく必要がある．

2.3.7　ハラスメントへの対処

ハラスメントは被害者の日常の安寧を侵害し，研究・学業の遂行を妨げ，心身の健康を損なうこともある許し難い行為である．野外調査に関わる人間はすべて，自分の言動がセクシュアル・ハラスメントやパワー・ハラスメントに該当していないかどうか自省し，フィールドに一緒に出る仲間同士で人格を尊重し合えなければならない．立場の強い者（たとえば指導教員）から弱い者（たとえば大学院生）へのパワー・ハラスメントやセクシュアル・ハラスメントは最も害が大きいが，立場が同じ学生同士のセクシュアル・ハラスメントも被害者にとって苦痛である．学生同士であっても多対 1 のセクシュアル・ハラスメントは特に悪質というべきである．

どのような言動がハラスメントに該当するかは，お互いの人間関係の中で変化するので，一概に定義できないこともある．しかし，地位を利用して交際や性的な関係を強要したり，合意のない相手に対して性的な関心にもとづく言動を向けたりすることは，当然セクシュアル・ハラスメントである．容貌や体型をけなしたりからかったりすることもこれにあたる．また「女性だから調理を担当してしかるべき」，「男性だから重い物を運ぶのは当然」などのように，性別によって役割分担を強いることはジェンダー・ハラスメントである．

大事なことは，「相手と良好な関係ができているから大丈夫」，「この程度のことはハラスメントにあたらない」などと勝手に思い込まないことである．自分の意図ではなく，相手が不快に感じるかどうかが問題なのだ．相手が「その言動は不快なのでやめてほしい」と言った場合はすぐにやめるべきだが，相手が不快感を表現できない場合があることも念頭に置かなければならない．たとえば，調査仲間として普通に接していた男性にいきなり肩を抱かれた女性は，驚きのあまり固まってしまって反応できないかもしれない．その場合，「嫌がらなかったから OK なのだろう」とその男性が考えたとしたら，それは大きな間違いである．そもそも許可を得ずに体に触ることは，相手の自由を侵害する人権侵害行為であり，厳に慎むべきだ．性別や立場にかかわらず，相手を自分と同格の個人として尊重していれば，このような行為はあり得ない．

ハラスメントの防止には，自分が加害者とならないよう自省すること，身近でハラスメントが起きた場合に注意を喚起することが重要である．そして被害に遭った場合には我慢せず，不快である旨をできるだけ表明することが大切である．前述の肩を抱かれた例なら，驚きのあまり最初何も言えなかったとしても，翌日以降でも「触ってほしくない．もう二度と触らないでほしい」と意思表示したほうがよい．「この程度なら」と被害者が我慢していると，加害者の問題行動はエスカレートする場合がある．また加害者と被害者の間だけでは解決しないこともあるので，問題を1人で抱え込まず，信頼できる友人や仲間，家族，カウンセラーにも相談するとよい．特に教員からセクシュアル・ハラスメントやパワー・ハラスメントを受けた場合には，大学のハラスメント防止委員会に相談する必要がある．

野外調査におけるハラスメントは，大学の研究室のメンバー間だけでなく，チームを組んでいる他大学や研究機関のメンバー，利用する施設の職員，調査している地域住民との間でも起きることがある．たとえばある学生が調査先で，他大学の教員からハラスメントを受けた場合，被害学生をサポートして加害者側の大学のハラスメント防止委員会に訴え出るのは誰なのか，もしくはどの部局なのか，平時から教員サイドが考えて相談しておくとよいだろう．

ハラスメントは起こさないにこしたことはなく，予防に努めるべきだが，起きてしまったときには決して隠ぺいすることなく，解決を長引かせないことが肝要である．そうすることによって被害者の苦痛を軽減し，また再発も防止できるからである．

2.4　重大事故発生時の対処（事故現場）

事故が発生すると，事故現場では救出作業，応急処置などに追われる．以下に捜索や救援を要するような大きな事故が発生した場合の対応について，事故現場での対応を中心にまとめた．

2.4.1　本人がけがや滑落をした場合

自分で動けるのであれば安全を確認のうえ，止血などのファーストエイドを必要に応じて可能な限り行う．その後，助けを呼ぶ手段を考え，実行する（携帯電話・無線など）．また，助けを呼ぶ手段がない場合，あるいは救助要請に対する反応がない場合は，誰かが捜索にきてくれることを信じて，体温・体力維持に努める（2.3.5 項（6）参照）．登山道・林道などが近くにあれば，そこまで移動しておくだけでも救援の可能性は高くなる．

2.4.2　同行者がけがや滑落をした場合

事故発生時は，気が動転して，冷静な判断なしに事故者に駆け寄ったり，事故現場から逃げたりすることで二次遭難を招いたり，要救助者の状態を悪化させたりすることがある．まず，自分を落ち着かせて，自分の置かれた場所が安全なのかどうかを確認する．

- 自動車による交通事故の場合は，後続車の追突などが起きないかどうか判断する．
- 落石や雪崩などの場合，周辺の地形を見て，二重遭難の可能性を判断する．
- 転落事故の場合は，まずほかの者が転落しないように最大限努力する．
- 落雷の場合は，再落雷を避けるため尾根やピーク，大木を避け，凹地や斜面に待避する．

2.4.3　要救助者の安全な場所への移動と容体確認

- けが人や滑落者の状況を観察し，安全な場所に移動させる．
- そのうえで容体を確認する（意識レベル・呼吸の有無）．
- 必要に応じて救急法を施す（救急法については 3.3 節を参照）．

2.4.4 救助要請

無線・携帯電話などで遠隔地通信が可能な場合は，救助を求め，現在位置を可能な限り伝える．

- 携帯電話からの 119 番は，管轄地域外の消防本部につながることがあるので，現在位置をきちんと伝える．
- GPS による緯度・経度の情報はきわめて有効なので，所持している場合は必ず伝える．
- 救助が必要な人を除いて，2 名以上が救助にあたれる場合は，1 名が要救助者の介助，もう 1 名が救援要請を行う．ただし，当該地域に不案内な者がむやみに単独行動をすると二次遭難の危険があるので十分に注意する．
- リーダーが意識を失うような大けがを負ったり，死亡したりした場合は，その場にいる最も経験豊富な人間がリーダーの任を担い，二次遭難を引き起こさないように慎重に行動する．
- 留守本部への事故の連絡
    - 事故発生の報告および捜索・救助の要請：　確実に連絡がつく代表電話や研究室直通電話などが適している．
    - それ以降の現地との連絡：　研究室構成員の携帯電話や別の研究室の電話番号などを用い，公的に広く知られている代表電話などを避ける．これは，事故が報道されると代表電話が問い合わせでパンク状態となり，やりとりに支障をきたすからである．

2.4.5 救援を待つ

救援隊の到着までは，短いときでも数時間，長い場合は数日を要する場合がある．食料・水の計算を行い，保温・防風についてできる限りの対策を施して救援を待つ．原則として，要救助者が死亡しているかどうかの判断は最終的には医師の到着後に行われるが，遠隔地の現場では客観的に見て死亡したと思われる場合，残った者の脱出を最優先に考えて行動する．

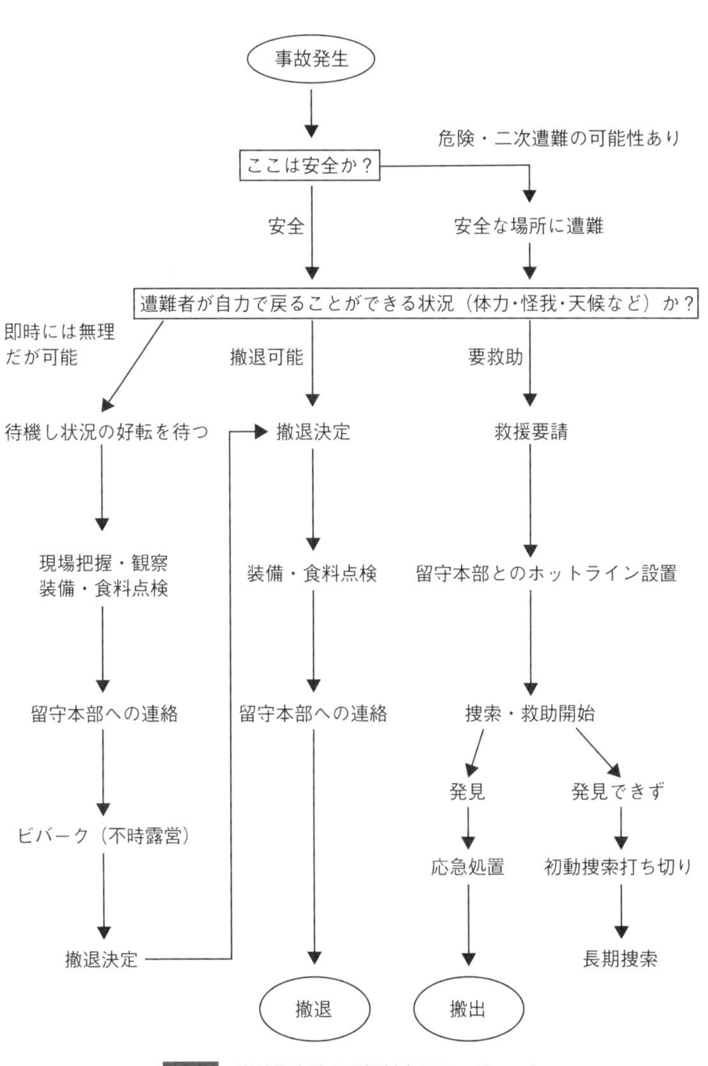

図 2.8 事故発生時の現場対応フローチャート

図 2.8 は，山岳遭難対策講習などで用いられる事故発生時の行動フローチャートである．これは，ほとんどそのままフィールド調査中の事故にも適応できるので，最小限に手を加えたものを示す．

2.5　重大事故発生時の対処（事故対策本部）

搜索や救援を要するような大きな事故が発生した場合，事故現場に限らず，留守本部でもマスコミや関係者からの問い合わせ，遭難者家族との連絡，捜索隊の編成など，必要な作業が次々と発生して大きく混乱する．事故発生時に適切な対応を迅速にとるためにも，2.1.2 項で述べたように，事故発生時の対応手順を確立しておく必要がある．図 2.9 は，留守本部での対応のまとめである．

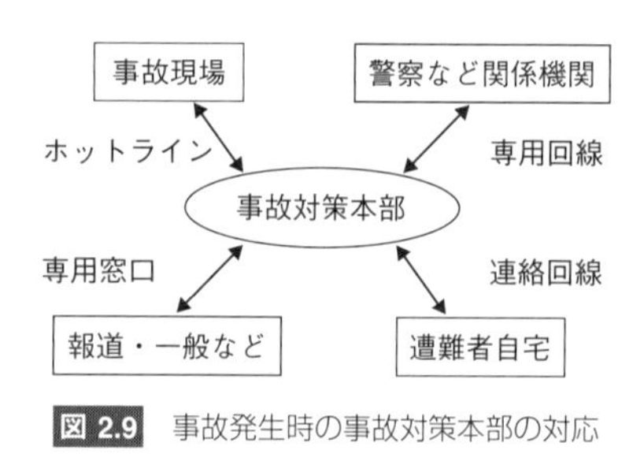

図 2.9　事故発生時の事故対策本部の対応

2.5.1　事故現場との連絡体制の確保

搜索や救援の要請が留守本部に伝えられた際は，まず，事故現場（あるいは事故情報の発信元）と常時連絡がとれる体制を確保する．

留守本部において情報を受け取った者は，

- 事故の発生場所
- 情報発信者の氏名，所属と連絡先

を記録するとともに，現地との連絡に用いるために

• 留守本部の電話番号など（必要に応じてe-mailアドレスや無線のコールサインなど）

を相手に通知する．以後，留守本部と現地の連絡は，指定された連絡先を利用する．この際，研究室メンバーの携帯電話や別の研究室の電話番号を連絡先とする．これは，事故が報道されると，代表電話が問い合わせでパンク状態となり，現場とのやりとりに支障をきたすからである．さらに，予備の連絡先も複数設定しておくとよい．

2.5.2 対策本部の設置と対応

捜索や救援の要請があったら，留守本部は調査前に作成したプロトコルにのっとり，事故対策本部を速やかに設置する．事故対策本部長は基本的に本部に常駐し，すべての情報・権限を掌握する．

事故対策本部が果たすべき機能は以下の通りである．

1）現地との連絡・情報収集
2）関係機関への連絡・要請
3）情報収集
4）遭難者家族との連絡
5）報道機関への対応と情報公開
6）捜索隊の編成と派遣（必要に応じて）
7）資金の管理・保険会社への対応

これらの作業を行うため，対策本部には，対策本部長のほかに少なくとも2〜3人程度の担当者が常駐する．また，海外で事故が生じた場合は，必要に応じて通訳を配置する．交代要員も含めて，本部詰め担当者を5〜10名程度確保する必要がある．事故現場の混乱が落ち着くまでは，対策本部は24時間態勢で対応することが望ましい．なお，担当者は必ず交代制にし，交代に際して情報の引き継ぎをきちんと行う．対策本部には，インターネットに接続されたパソコンとプリンター，複数の電話，ファクス，テレビ，ラジオなどを準備する．

(1) 現地との連絡・情報収集　対策本部と現地との連絡手段を常時確保し，情報収集する．現地と本部は可能な限り，時間を決めて定期的に連絡をとる．また，連絡内容はメモに残し，時系列に沿って保管する．

(2) 関係機関などへの連絡，要請　遭難・事故の発生を，警察，消防，在外公館などの関係諸機関に速やかに連絡して指示を仰ぐとともに，必要に応じて捜索，救助などを要請する．また，連絡の際に，以降の連絡先として対策本部の直通電話の番号を伝える．なお，その他の公的機関からの連絡は代表電話に入る可能性が高いため，代表番号はできる限り通話可能な状態にしておく．

調査に際して保険に加入している場合は，保険会社に事故発生の事実を伝える．また，旅行会社にも事故発生の事実を伝える．これらは，必要となる費用や関係者の現地派遣の際の移動手段を確保するために重要である．

調査グループの構成員の所属機関が異なる場合は，それらの所属機関にも速やかに情報を伝え，以降の対応に備えて常時連絡可能な体制を確立する．海外調査などの場合は，海外のカウンターパートに対しても同様に連絡可能な体制を確立する．

これらの関係機関とのやりとりはすべてメモに残し，時系列に沿って保管する．また，本部の担当者は定期的に情報の共有を図る．

(3) 情報収集　現地や関係機関などからの情報を直接収集することに加え，事故が海外で発生した場合や大規模な自然災害（地震，津波，台風など）に起因する場合は，マスコミ報道から多くの情報を得られることが少なくない．テレビ，ラジオ，ホームページなどマスコミが発信する情報も積極的に収集する．また，現地へ赴いたことのある者，旅行会社，現地を紹介したホームページなども有用な情報源となりうる．これらの情報は，遭難者家族への説明や今後の対応策を検討するための材料となる．

(4) 遭難者家族との連絡　対策本部は家族対応の責任者を選任し，遭難者家族への連絡は責任者を通じて行う．家族対応の責任者は，所属機関と遭難者家族との連絡窓口となり，事後処理まで含めて対応する．遭難者が複数の場合は，家族ごとに責任者を置くことが望ましい．

遭難者家族宅の電話が，報道機関などからの問い合わせでつながりにくい場合は，遭難者宅に連絡担当者を派遣する．対策本部が遭難者の家族に連絡する必要がある場合は，連絡担当者の携帯電話宛に電話し，担当者がその内容を家族に伝えるようにする．連絡担当者は，家族対応の責任者が選任する．なお，連絡担当者は，複数名を決めて交代制とすることが望ましい．

事故現場からの情報は，対策本部を経由して遭難者家族に伝えるようにする．遠隔地の事故では，遭難者氏名や生死の状況などの重要な情報が，複数の情報提供者から食い違った内容で発信されることがある．そこで対策本部は，遭難者の家族に連絡する前にその情報を確認し，確かな情報を，家族対応の責任者・連絡担当者を通じて伝えるようにする．この手順で情報伝達することで，遭難者家族の無用な混乱を避けることができる．また，情報伝達に際しては伝え方に十分配慮し，遭難者家族の心理的負担の軽減に努める．

家族対応の責任者は，マスコミなどからの質問・問い合わせに遭難者家族に代わって対応し，家族の心理的安定に貢献する．また，家族対応の責任者や連絡担当者はその役割上，以前から遭難者の家族と面識がある者があたるとよい．必要に応じて，カウンセラーなどの配置も検討する．

(5)　報道機関への対応と情報公開　公的機関などに事故が通報されると報道機関からの問い合わせが集中し，代表電話で対応しきれない事態も生じうる．そこで，報道機関に対応する専用の電話を設け，報道機関からの問い合わせはすべてその電話に転送する．

また，報道機関の取材が，研究室の学生や直接関係のない職員に及ぶこともある．こうした不確かな情報にもとづく報道が，あたかも事実のように報道されることがありうるので十分に注意する．対策本部長は，機関の所属員全員に対して，不用意に取材に対応しないように要請する．研究室の構成員は，事態が終息するまでは，事故に関する情報発信を私的にはしないようにする．特に，ブログ・X（旧 Twitter）などインターネット上での発信は制御不能な事態を引き起こしかねないので，発信を控えるように対策本部長が要請しておく．

私的に情報が発信されることがないように管理する一方で，その時点で知りえた事故に関する情報は記者会見で発表する．情報開示は本部の重要な役割のひとつである．記者会見の場で，遭難者の経歴，職務（研究）内容，写真などの情報提供を求められる場合があるので，公表できるものについては資料を準備しておく．1 回目の記者会見時に報道機関側の担当社（または局）を決めてもらい，以降はそこを通じて各報道機関へ情報を配信してもらうとよい．

マスコミなどに必要な情報を公開することは重要である．事故は当事者のみでは解決できないことがある．公開された情報によって集まる周囲の支援やボランティアの力は，解決への大きな助けになる．

対策本部にはすべての情報・指揮能力が集中するため，不利な情報が隠ぺいされたり改ざんされたりする危険性も含んでいる．しかし，対策本部長は，仮に組織にとって不利な情報であっても，確認がとれたものについてはすべてを正確に記録し，必要に応じて公開する義務がある．

(6)　捜索隊の編成と派遣（必要に応じて）　遭難者の救出が現場でできない場合や捜索が必要な場合，対策本部は捜索隊を編成する．捜索隊は，現場に赴き捜索・救出作業を担当する．捜索隊は，事故現場にいる遭難しなかった者で編成されるもの，事故対策本部で編成されて現場に向かうもの，現地の警察・消防・自衛隊・海上保安庁や軍隊などで編成されるものなど多様である．いずれの場合も，対策本部は捜索隊との連絡体制を確立し，緊密に情報をやりとりする努力をせねばならない．捜索隊が研究者のみで編成される場合は，以下のような注意が必要である．

- 研究者は捜索や救出のプロではない．警察・レスキューなどの支援が受けられる場合は積極的にこれを活用する．
- 捜索・救出にあたって二重遭難が懸念される場合には，絶対に現場には近づいてはならない．

- 原則として，学生を現場での捜索活動に参加させてはならない．二重遭難時に補償する根拠がない．やむを得ない場合は山岳保険などに加入したうえで安全に万全の配慮を払うこと．
- 行方不明者を捜索するときは，地元の官公庁やマスメディアを積極的に利用し，捜索者・情報提供者を増やすことに努める．
- 遭難者の家族・親族は，現場捜索に参加させない．二重遭難の発生や捜索現場の混乱を招く恐れがあるためである．遭難者の家族・親族が参加を希望しても，事態が終息するまでは慰留に努める．

(7) 資金の管理，保険会社への対応　事故の対応には，さまざまな費用がかかる．捜索に必要な費用（ヘリコプターのチャーター費など）だけでなく，関係者や家族が現地に赴くための交通費，現地や関係機関との通信費など，枚挙にいとまがない．対策本部はこれらのうち，保険で補償されるのはどの費用なのか，そして保険でカバーされない費用をどこからどのように捻出するかを検討する．寄付を募ることが必要な場合もある．また，保険金・寄付を含む資金の管理も対策本部の重要な役割である．

保険で補償される費用であっても，保険金の支払いはただちに行われるわけではない．そこで，遭難当初の活動資金が必要になる．初動段階に必要な費用が準備できるかどうかで，その後の経過が変わってくることもありえる．平時から事故発生時に備えて，すぐに運用可能な資金を準備しておくことも有効である．

国立大学法人や国立の研究機関であっても，運営当局が，救援・捜索資金をただちに調達してくれるとは限らない．大きな研究組織であっても，安全管理委員会や事務責任者などに，遭難時の対応策についてあらかじめ問い合わせをしておくべきである．

2.6　メンタルケアと専門家への連絡

遭難者本人・遭難者家族・捜索救援隊メンバーなどは，心的外傷後ストレス障害（PTSD: Post Traumatic Stress Disorder）を発症する可能性があるので，対策本部はメンバーにカウンセラーや精神科（精神神経科，神経科）・心療内科を紹介する．PTSD は，大きな事故や悲惨な出来事の経験が心的外傷となり引き起こされる神経症・精神身体症の症状である．症状は，離人症・失感情・悪夢・睡眠障害・対人恐怖・うつ・パニック障害などさまざまである．PTSD については，現在，多数のホームページが存在し，情報はかなり頻繁に更新されている．

指導教員や調査責任者は，所属大学などのヘルスセンターとあらかじめ連絡をとっておき，どのように専門家への紹介・連絡を行っているのか確認しておくことが望ましい．病院もしくはクリニックでカウンセリングを受けられる場合もあるが，病院・クリニックでは投薬のみ，カウンセリングは別途という場合もある．医師・カウンセラーとの相性によって患者の気分の安定度合いは大きく変化するので，相性が良くなければ（あるいは医師による薬の処方が良くない場合），外部窓口を含め別の医療機関に行くのもひとつの方法である．ただし患者本人は次を探す気力がない場合も多い．大学などのヘルスセンターなどが患者に寄り添いつつ医療機関などを探す手伝いをするとよい．

■事例 2.4　不審者への遭遇とその後の PTSD

無人の臨海実験場に単独で宿泊していた女子大学院生が，構内で不法侵入者を発見したことがあった．携帯電話のない時代であり，固定電話は別棟にしかなく，どこにも連絡できなかった彼女は恐怖に襲われた．侵入者たちは密漁目的だったようで，宿泊棟を伺い見ながら磯へ降りて行った．彼らの懐中電灯が見えなくなってから，彼女は勇気を奮い起こして別棟に行き，事務官に電話をかけた．

この大学院生は暴力などの被害を受けたわけではない．しかし「夜に不法行為をする男性が現れた」という恐怖は，以後 30 年以上にわたって彼女の心に影を落とすこととなった．彼女は夜の単独調査や，臨海実験場への宿泊が恐ろしくなった．一人暮らしの自分のアパートへ夜遅く帰ることも恐ろしくなった．この恐怖はある種の PTSD といえる．継続する恐怖について大学院生が研究室の仲間（男性，複数）に話すと，「いや，それは反応がオーバーでしょう」「自意識過剰では」という言葉が返ってきたので，以来彼女は誰にも話さなくなった．指導教員には出来事の報告はしたが，恐怖心について相談することはなかった．夜間の単独調査を禁止され，データがとれなくなることも怖かった．

現在では携帯電話があり，連絡はすぐにできる．しかし被害学生と仲間の学生，指導教員の全員には，大きく 3 つの改善点があるだろう．第 1 に，調査は必ず複数人員で行くことを指導教員は徹底すべきだった．第 2 に，研究室の全員が被害学生の恐怖や不安を軽視しないように努めるとよかっただろう．不安はその理由ではなく大きさが問題なのである．第 3 に，被害学生はトラウマ体験を 1 人で抱え込まず，初期の段階からカウンセリングを受けたほうがよかった．指導教員含め研究室の全員が，日常的にカウンセラーによる講習を受けておけば，被害後の受診につながりやすいかもしれない．こうした対策は，人的被害だけでなく事故や災害に遭ったときにも有効だと思われる．

2.7 事故報告書の作成

なぜ事故が起こったのか，同じ事故を防ぐにはどのような対策が必要か，事故報告書を作成することで，事故の内容を振り返り，調査方法などを見直すことができる．ありのままの事実を記録することによって，事故の原因や負傷・死亡した事実を包み隠さずに関係者と共有することは事故の再発防止に役立つ．組織が事故後に誠意ある対応をすること，再発防止に向けて真摯に取り組むことは，事故に遭った本人やそのご家族との信頼関係にもつながる．事故報告書の作成は大変な労力を必要とするが，事故を繰り返さないためにも行うべきである．

3 フィールドで安全に調査を行うための基礎技術

3.1 遠隔地通信

注：本節の内容は，2024 年 8 月現在のものである．国内外を問わず，携帯電話，衛星移動体通信，インターネットに関する状況は日々変化するので，利用にあたっては，最新の情報の確認をお願いしたい．

通信技術は近年急速に発達し，以前は通信が難しかった遠隔地からでも比較的簡単に連絡をとることが可能になった．現在，フィールドと留守本部・事故対策本部間の連絡手段として利用可能なのは以下の方法である．緊急時の通信手段は，1 種類だけではなく複数確保することが望ましい．

〔国内〕 固定電話・ファクス，携帯電話，アマチュア無線，移動衛星通信

〔海外〕 国際電話・ファクス，携帯電話国際ローミング，インターネット，移動衛星通信

3.1.1 携帯電話

国内の遠隔地通信手段としては，第 1 に携帯電話が挙げられる．最新型の端末は，山間部でも通話状態が良くなってきている．スマホアプリとしての LINE（海外では使えない場合もある）や WhatsApp など SNS の利用は，関係者と情報を共有でき，緊急時に役立つ．ただし，携帯電話を使えるフィールドは必ずしも多くない．つながらないのが普通であ

ると認識しておきたい．

海外で携帯電話を使用するには，以下の方法がある．

(1) 国内で使用している携帯電話をそのまま使う　海外で利用可能な機種の場合は，国際ローミングでそのまま利用できる．ただし，海外では携帯電話の通信規格が日本と異なるため，利用できるエリアが機種によって大幅に異なる．海外で利用できるエリアは，通信方式によって限定されるので注意する．

(2) 海外用携帯電話をレンタル，または，国外対応 SIM カードを入手する　ローミングが利用できない携帯電話を利用している場合や 2 週間以上の長期滞在をする場合は，海外向け携帯電話をリースする，あるいは海外専用の SIM カードや現地の携帯電話を購入するとよい．現地の携帯電話のリースは，各キャリアや旅行代理店などで取り扱っている．いずれにせよ，日本国内で使っている機種をローミングモードで利用するよりも通話料が安くなるので，長期利用になるほど有利である．

3.1.2 アマチュア無線

アマチュア無線は，山岳地での遭難対策や地震など大規模災害発生時の有力な連絡手段として広く使われており，ベテランのフィールド研究者に利用者が多い．調査地域が携帯電話のサービスエリアからはずれる場合には，144 MHz 帯と 430 MHz 帯が利用者数の多さからよく使われている．144 MHz 帯と 430 MHz 帯は電波の特性が異なり，144 MHz のほうが電波の飛びが良いと考えられている．430 MHz 帯は光のようにほぼまっすぐにしか電波が飛ばないので，見通しの良い稜線上での使用に適している．

緊急時には，各バンドの呼び出し周波数帯（145.00 MHz，433.00 MHz など）で

「非常，非常，非常，こちら（コールサイン）」

と述べて不特定受信者を呼び出し，返答のあった相手に警察や留守本部への連絡を依頼する．アマチュア無線技士の資格（4 級）は，国家試験

の受験，あるいは日本アマチュア無線連盟（JARL）が主催する数日間の講習と資格試験を受けて取得できる．また，無線取り扱いのトレーニングなどを行う際に，有資格者が補助する条件で無資格者が通信することも認められている．

なお，技術士免許不要の特定小電力トランシーバー（420 MHz 帯，10 mW）は電気店などで多数販売されているが，出力が小さく，数百 m 以上を離れると通信できないので，緊急通信の手段としては役に立たない．

3.1.3　衛星移動体通信

海外の都市部から離れた場所で，固定・携帯電話が利用不能な場合には，衛星携帯電話を利用する．現在海外で利用できる衛星携帯電話は，イリジウムをはじめ数社あり，レンタルで短期間の利用も可能である．

なお，無線機・衛星携帯電話ともに，日本から持ち出して国外で無届けのまま使用すると，一部の国では，電波法違反やスパイ容疑に問われる可能性がある．ロシアなどで実例があり，事前にリース業者などに確認したほうがよい．

(1)　Iridium（イリジウム）　　現在，個人用では最も有力な衛星移動体通信．66 機の周回型衛星を連携させて使うため，アンテナの方向の自由度が比較的高く全世界で通信できる．リース会社は国内に多数ある．一時，経営問題から使用不能になっていたが，衛星網が再稼働した．

(2)　Inmarsat（インマルサット）　　4 機の静止衛星で，極地を除く全世界をカバーし，通信設備のない山奥や被災地との通信を可能にする．国内にリース会社は多数ある．

(3)　Thuraya（スラーヤ）　　複数の静止衛星を組み合わせて，アジア・オセアニア・ヨーロッパ・南アフリカ周辺を除くアフリカをカバーする．近年，アジア圏での調査隊や登山隊で利用者が増えている．

(4)　Starlink（スターリンク）　　アメリカの航空宇宙メーカー「スペース X」による衛星通信サービスで，高度約 550 km の低軌道を飛ぶ人工衛星を使って通信しており，速度は低遅延かつ高速である．回線の敷設が不要で，アンテナを設置するだけでインターネット通信を利用できる．低軌道衛星を活用し，ネット未接続の地域や災害時にも利用できる．一方で，空が開けた場所以外では通信が遅くなる可能性があり，アンテナの設置場所に注意が必要である．

3.1.4 位置情報通信デバイス

事前契約が必要ではあるが，テキストメッセージや救助要請を送信できる機器があり，衛星携帯電話よりも安価に利用できる．

(1) SPOT GEN3　あらかじめ登録したテキストメッセージや救助要請を発信元の GPS 情報とともに送信できる．利用者が指定した連絡先ではなく，発信者がいる場所の対応機関に緊急の救助要請を直接送信できる SOS ボタンもある．

(2) GARMIN inReach 衛星通信対応端末　イリジウムの回線を利用して，テキストメッセージの送受信が可能な GPS 端末で，24 時間体制の緊急時対応センターに SOS メッセージを送信できる．

(3) ココヘリ　会員制捜索ヘリサービスで，会員は小型の高精度発信機を貸与される．この発信機からの信号の到達距離は，最長で 16 km にも及ぶため，遭難場所を迅速に特定してもらえる．会員費用も比較的安価である．ただし，登山計画書などで入山した山域が特定できなければ，捜索はできない．最新の GPS 搭載のモデルは，GPS でどの山に入山したかまで迅速に把握できるが，会員費用は GPS 非搭載モデルよりもかなり高くなる．

(4) スマホアプリ　「ヤマレコ」や「YAMAP」などの登山用 GPS 地図アプリには，登山中の位置情報を家族や友人に知らせることのできる機能がある．ヤマレコでは「いまココ」，YAMAP では「みまもり機能」であり，山岳での遭難救助にも役立っている．利用にはスマホの電源が入っていることが必要であるため，バッテリーの残量に注意する必要がある．

Apple の iPhone 14 以降に限定されるが，携帯電話通信の圏外でも緊急通信サービスに接続できるAppleの安全サービス「衛星経由の緊急SOS」が，2024年7月30日より日本でも提供開始された．

3.2 地図と利用にあたっての注意

3.2.1 よく使われる地図

(1) 1/25000地形図 フィールド調査で最もよく使われる地図である．1/25000地形図は国土地理院により発行され，日本地図センターから販売されている．地図は，書店・登山用具店で購入でき，日本地図センターのホームページからも注文できる．また，国土地理院のホームページからの印刷も可能である．

(2) 1/5000地形図 大学演習林や国有林，民有林では，森林管理のために独自に1/5000程度の縮尺の地図（施業図）を備えている場所が多い．一般向けには販売されていない．森林管理者や施設管理者に問い合わせて用途を伝えると，複写を入手できることがある．精度が高く，森林調査には好適である．

(3) 登山地図 登山の対象となるような山域では，登山道や歩行の所要時間，危険個所などを記した登山地図が刊行されている．登山道の位置や整備状態については，実地調査がされているので1/25000地形図よりも正確であり，調査地へのアプローチに有効活用できる．ただし，登山地図には1/50000の縮尺しかない場合もある．その場合は，細かい地形を把握するために，1/25000地形図と併用する必要がある．

(4) デジタル地図 1/25000地形図を内蔵したハンディGPS機により，国内の山中や沿岸部での現在位置確認作業はきわめて容易になった．また，国土地理院数値地図情報などを用いてパソコン内での鳥瞰図作成も簡単にできる．先述した「ヤマレコ」や「YAMAP」などのスマートフォン用の登山用GPS地図アプリもよく使われている．山岳などの厳しい環境下での使用を考えると，堅牢性や電源の問題で，乾電池が使えるなどハンディGPS機のほうが有利ではある．いずれにしてもバッテリーが切れると，用をなさなくなるので，紙の 1/25000 地形図は携帯すべきである．

3.2.2 測地系

測地系とは，測量の基礎的な数値（緯度経度，標高など）を算出するための基準である．そのため，測地系が異なると，同じ地点でも緯度経度が異なったり，同じ緯度経度の点が異なる場所だったりする．2002 年以前の日本の測地系は，日本測地系（TOKYO）とよばれ，日本独自の規格だった．2002 年以降は，日本測地系 2000（JGD2000）とよばれる世界測地系が採用されている．2011 年以降は東日本大震災による地殻変動を反映して，日本測地系 2011（JGD2011，世界測地系（測地成果 2011））が主に用いられている．GPS により緯度経度を求め，地図上に落とす場合には，地図に用いられている測地系を確認し，日本測地系（TOKYO）の場合には変換する必要がある．

3.2.3 コンパスの使い方

(1) 磁北の偏差補正　コンパス（磁石）が指す「北」（磁北）は実際の北極点とは位置がずれており，実際の北極点から約 400 km 離れたカナダ北部の一地点である．このため，磁北と地図上の「真北」はずれている．日本付近では磁北は真北より 6～10° ほど西を指し，緯度が高いほどずれが大きくなる．なお，このずれる角度は，市販の 1/25000 地形図の余白に記載されている．山岳地などでは無視できない場合も多いので，事前に地図中に磁北線を描き入れるのが一般的である．「カシミール 3D」などのパソコン用の登山地図ソフトウェアを使うと，地形図を印刷する際に磁北線も印刷できる．磁北線は，隣接した複数のピークを識別する場合や，分岐する尾根の方向を地図上で判断する場合には重要になる．

(2) 目的地ナビゲーション　登山などで使う場合は，オリエンテーリングでも使うプレートコンパスが使いやすい．たとえば，現在地はわかっているが，周囲が濃霧に覆われていて，進むべき方向がわからない場合を考える．現在地と目的地がベースプレートの長辺で結べるように，地図の上にコンパスを置く．回転盤矢印と磁北線が平行になるように，回転盤を回す．コンパスを地図から離して，回転盤矢印と磁針が重なるまで，コンパスと一緒に自分も回る．このときに進行線の指す方角が，目的地の方向となる．この方法の応用で，山座の同定や現在地の把握も可能になる．現地で実際に使えるように熟練するまでには，しっかり練習することが重要である．

3.2.4 GPSの使用

2000年に精度を故意に落とす仕組み（Selective Availability）が解除されて，GPSの誤差範囲は100 mから数m単位になり，フィールド調査での利便性が飛躍的に高まった．フィールド調査で役立つのは，登山用に設計されたGPSである．最新型はメモリー内に地形図を取り込んで使用する．もともとGPSは水平方向の座標の精度に比べて，高さ方向の精度が悪い．このため，登山用GPSでは気圧高度計を併用して，高さ方向の精度を高める工夫がなされている．衛星の補足が困難な森林内でも，精度は必ずしも高くないものの，欠測する頻度は減っており，磁気コンパスや高度計を組み合わせて，大まかな位置表示は可能になっている．やや高価ではあるが登山用GPSの価値は，値段相応のものがあるといえよう．

海外で使用する場合でも，多くの国ではGPS用の地図データの購入が可能になっている．ただし，一部の国では，使用や所持が禁じられている場合もあるので，注意する．

GPSは非常に便利なツールだが，弱点もある．地図の表示画面が小型なので，広範な地形把握には不向きである．森林内や渓谷内では，信号にマルチパス歪みが生じやすい．衛星の信号が受信できない場合もある．また，衛星を4基以下しか補足できない場合の精度は大きく低下する．さらに，電池切れだと稼働しない．行動時は，必ず1/25000地形図とコンパスを持参し，道がはっきりしない場合やもともと道がない場所では，

「地図とコンパスに加えて，便利な道具がひとつ増えた」という感覚で使用すべきである．

3.3 救急法

ここでは，気道確保・人工呼吸・胸骨圧迫（心臓マッサージ），止血，包帯，骨折時の固定，急病対策，運搬，救護などの技術が含まれる救急行為について述べる．これらのうち，蘇生法（気道確保・人工呼吸・胸骨圧迫）と止血法は事故発生時の現場対応で最も重要である．

遭難現場で役立つ救急法の習得には，正確な知識を学びかつトレーニングを行うことが必要である．ただ，講習などを受けた後に，要救助者に遭遇した場合は，多少の不安があっても，躊躇せずに積極的に活用すべきである．確かに，中途半端な蘇生術やむやみな止血帯の使用など不正確な救急法は，助かるはずの遭難者を，最悪の場合，死に至らしめることもある．しかし，仮に要救助者が死亡したとしても，重過失さえなければ救援を行った者の責任は問われない．これを「良きサマリア人法」といい，日本では法制化されていないが，刑法における事実上の不文律となっており，実際に訴訟が起きた例はない．

日本赤十字社の主催で頻繁に開かれている「救急法基礎講習」を，最低限受講しておきたい．この講習は，講習時間が 4 時間と短い．基礎講習受講者は救急員養成講習（10 時間）を受講でき，けがの手当てや搬送などについても学べる．同様の講習は消防署も行っており，こちらは 3 時間・8 時間・24 時間などのコースを設定している．内容は自治体ごとにかなり違うので，確認が必要である．

最近の講習会では，救急車への引き渡しまでの生存率を上げるために，あえて脈拍確認を省略したり，止血点や間接圧迫止血を教えず直接圧迫止血のみの指導にしたりと簡略化が目立つ．しかし，フィールドに直接救急車が到着するケースはほとんどないので，これらの救急法についても少し幅を広げて知っておくと便利である．消防署に依頼して講習を行う場合は，これらの項目についても確認するとよい．

また，自動体外式除細動器（AED: Automated External Defibrillator）の設置も，公共施設などで増えている．AEDは，心臓発作などで心室細動が起きたときに電気ショックで心臓の運動を正常にする医療機器である．山中での設置は有人の大きな山小屋などに限られるが，使用法を知っておいたほうがよい．多くのAEDは自動的に音声で操作を指示してくれるが，AEDの講習を受け，使用上の注意を把握するべきである．消防署や日本赤十字社などでの講習に加え，職場などでの講習の機会も増えている．

事例 3.1　落雷事故での死亡理由と蘇生法の重要さ

過去に発生した野外活動中の落雷遭難事故を分析した結果によれば，落雷による死亡の多くは電流が体内を流れたことによる心停止または呼吸停止が死因になっていた．雷による心停止は他の外傷や疾患による心停止に比べて心肺蘇生法（CPR）による救命率が高く，後遺症なく社会復帰できる可能性も高いことが指摘されており，近年のスポーツ医学では落雷により意識不明・心肺停止の要救助者が発生した場合にただちにCPRを行うことが推奨されている（北川，1988；志賀，2005；大矢・吉野，2021より）．

3.3.1　要救助者が発生した場合には

まず，周辺の状態を確認して要救助者以外のメンバーを安全な場所に避難させるとともに，要救助者を安全な場所に搬送する．時間を争う場合は，以下のように状況に応じて対処する．

(1)　交通事故・落石・毒虫・ヘビなどの場合　救助者が二次災害を受けないように十分に注意しながら，要救助者を安全な場所に移す．交通事故の場合は二重事故を発生させないように交通誘導も行う．毒虫・毒ヘビなどの場合は，発生源から遠ざける．

(2)　転落・雪崩　　即座に救援することが難しい場合や二重遭難の危険が考えられる場合は，緊急連絡をとり，応援を要請する．ただし雪崩の場合，二重遭難に注意しながらできる限り早急に掘り出す．多雪地，豪雪地で行動する際は，あらかじめ雪崩ビーコンの装着とテストを行っておきたい．ビーコン非装着の場合は，雪面に向けて大声で名前を呼び，返事を聞きとるとともに，プローブ（ゾンデ棒）で，なければストックやテントポールなどを利用して，雪面を突き刺して埋まっている場所を探す（プロービング）．

(3)　上下肢などの切断事故，大出血　　即座に止血を行い血液の流出を防ぐ（3.3.2 項を参照）．緊急連絡を行い，搬出方法の決定後，病院まで搬送する．

(4)　心臓発作・脳出血・意識不明　　意識の確認，呼吸・脈拍の確認（生命のサインの確認），気道確保をしたのち蘇生法に入る．脳出血や頸椎損傷が疑われる場合は，なるべく頸部・頭部を動かさないようにし，気道確保も下顎（かがく）挙上によって行う．

3.3.2　止血法

けがによる多量の出血を止める方法が止血法である．調査中の事故の際にしばしば必要となる．直接圧迫法と間接圧迫法に分けられるが，基本的には直接圧迫法を用いる．直接圧迫止血は傷口をガーゼなどで押さえ，その上から強く圧迫する方法で，傷口が小さい場合はこれだけではとんど対応できる．なお，止血に際しては，血液からの感染を避けるため，ゴム・ビニール手袋やビニール袋を手に着用し，血液に直接触れないようにする．

CoSTR（心肺蘇生と緊急心血管治療のための科学と治療の推奨に関わる国際コンセンサス 2010）では，直接圧迫法を推奨している．

手指・四肢切断や頭部の大きな裂傷の場合は出血量が多く，直接圧迫では不十分な場合には，間接圧迫止血を併用する場合もある．間接圧迫止血を行うには，事前に救急法講習などで止血点の場所と，その場所での圧迫法を覚えておかなければならない．以下に，よく起こるケースでの止血法を簡単に示す．

(1) 落石や倒木による頭部表皮からの出血　頭蓋骨の損傷や脳挫傷を伴わない，頭部表面からの出血では，出血量は多くても重傷には至らないことが多い．直接圧迫止血を行い，止まらない場合は浅側頭動脈（こめかみ）を間接圧迫止血する．

(2) 指の大きな切り傷または切断　通常の切り傷は直接圧迫止血で十分だが，深く傷を負った場合や指を切断した場合は，指の根元を横から強く圧迫する．また，数本の指にまとめて傷を負った場合は，指の根元を 4 本同時に圧迫する方法もある．

(3) 上腕の大きな切り傷または切断　動脈の破損の可能性が高い場合は，即座に脇の下（腋窩（えきか）動脈）を下から上に押し上げ，または上腕（上腕動脈）を左右から挟む形で圧迫することで間接圧迫止血を行うとともに，必要に応じて止血帯を用いる．

止血帯は時間の管理をきちんと行わないと患部周辺を壊死させ，逆に重傷になることがあるので，安易に用いてはならない．患部から心臓に近いところ 3～5 cm の地点を三角巾などで縛り，止血開始時間を三角巾にマジックなどで記入し，30 分おきにゆるめる．

(4) 下肢の大きな切り傷または切断　直接圧迫止血を行い，大腿動脈の断裂が考えられる場合は，即座に脚の付け根の内側を強く押さえる鼠径（そけい）部間接圧迫止血を行い，それでも止まらない場合は止血帯を併用する．

なお，けがが大きい場合は，ショック症状が強く出る場合がある．皮膚が青白い・発汗・頻脈・頻呼吸などが見られるときには，保温し足高仰臥（ぎょうが）位（ショック体位）をとらせる（3.3.6 項（2）参照）．

3.3.3 蘇生法

意識不明が疑われるときは，図 3.1 に示す以下の手順で蘇生法を行い，緊急連絡後，医療機関に引き渡す．蘇生法の講習を必ず受け，以下の流れを何度も実際に繰り返し，反射的に動けるようにしておくことが重要である．

救急法における，標準的な蘇生法の流れ

(1)　意識の確認　「大丈夫ですか？」と肩をたたきながら，耳元で数回，大声で叫ぶ．

(2)　助けを呼ぶ　「誰かきてください！」と，講習では教わるが，フィールドでは自分しかいないことも多い．ただし，人が通る可能性がある場所などでは，定期的に救助を求める．

(3)　救援者に指示を出す　「あなたは救急車を呼んでください」，「あなたはAEDをもってきてください」と，講習では教わるが，フィールドでは無理なので，様子を見ながら緊急連絡を行う．救援を行うことができる同行者がいる場合は，同行者がただちに緊急連絡を行う．要救助者を除き，同行者がいない場合は，以下の（4）～（7）の後で，緊急連絡を試みる．

(4)　生命のサインの確認　要救助者の口元にほおを近づけ，口・鼻からの風圧と胸元の上下動から呼吸の有無を確認する．可能なら

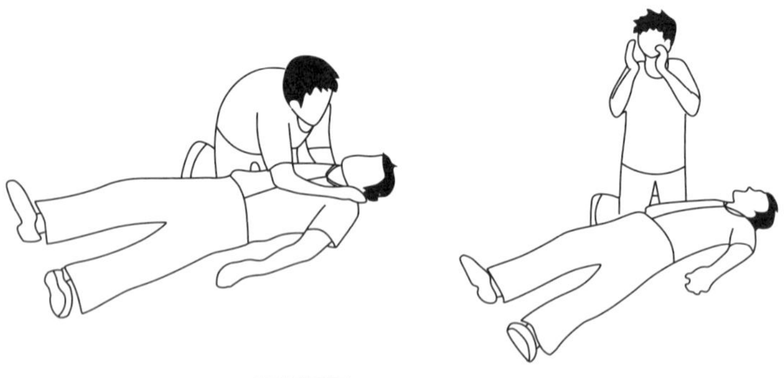

図 3.1(1)　心肺蘇生法の手順

③口鼻からの風圧と
胸と腹部を見て呼吸を確認

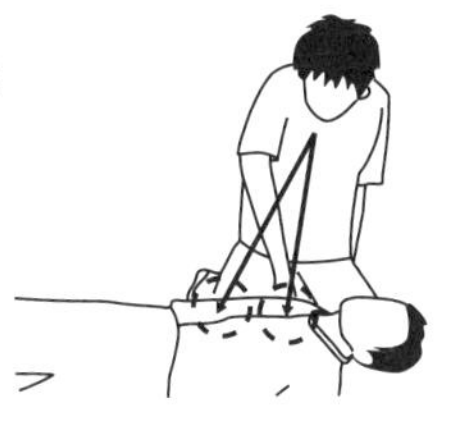

正常な呼吸がない場合

④心臓マッサージ(胸骨圧迫)を行う

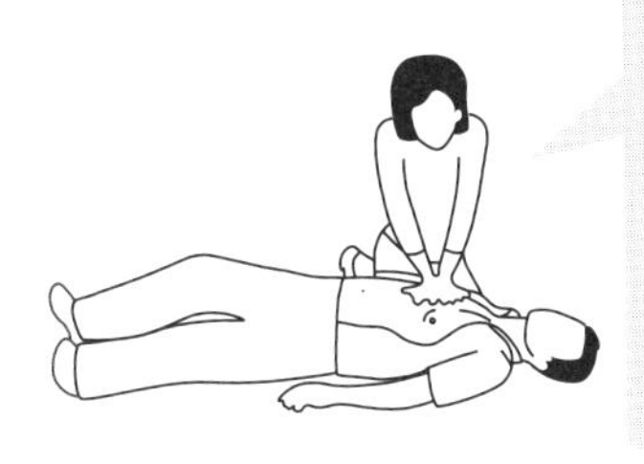

人工呼吸ができる場合

1.気道を確保 ▶▶▶ 2.心臓マッサージ30回＋人工呼吸2回を繰り返す

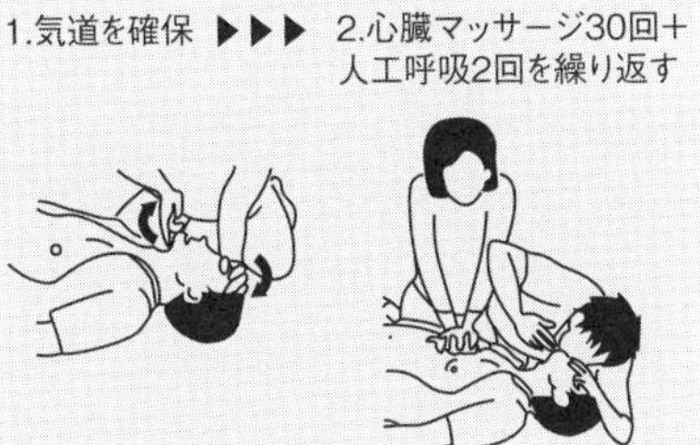

⑤AEDが到着したら、
電気ショック後
心肺蘇生(④)を再開

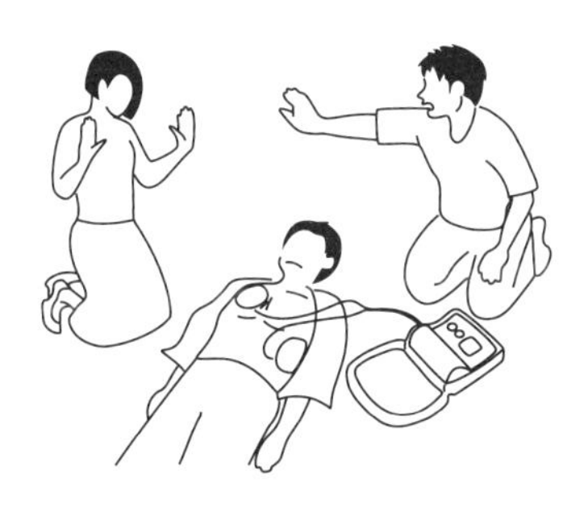

図 3.1(2) 心肺蘇生法の手順

ば頸動脈などで脈をとる（脈の有無は慣れないと判断が難しい）．あまり時間をとらずに数秒で気道確保に移る．

(5) 気道確保　口腔内に異物がないのを確認し（異物があれば除去），頭部後屈により気道を確保する．頸部または頭部の大きな傷害があるときは下顎挙上を行う．

(6) 呼吸の確認　再度要救助者の口元にほおを近づけ，呼吸音と息の出入り，胸の上下を見る．呼吸が確認できたら，ただちに緊急連絡を試みる．

(7) 人工呼吸，胸骨圧迫（心臓マッサージ）　人工呼吸 2 回を行い，気道を確保する．呼吸の回復を見る．胸骨圧迫（心臓マッサージ）30 回と人工呼吸 2 回のペースで蘇生法を行う．

救急隊の到着，あるいは回復のいずれかがはっきりするまで，救援者は交代しながら胸骨圧迫と人工呼吸を継続する．同行者がおらず，緊急連絡ができていない場合は，胸骨圧迫と人工呼吸を 5～7 分程度行った後に一度中止し，緊急連絡をとる．その後，蘇生法を再開し，救急隊の到着か回復まで続ける．

出血などがあり，感染防護具がなく，口に口をつけての人工呼吸がためらわれる場合は，胸骨圧迫のみを行えばよい．なお，溺れた場合は，人工呼吸を省略するべきではない．

救急法基礎講習では AED 到着後にこれを使用することになっているが，フィールドでは AED は使えないことを前提として流れを覚えておく．

携帯電話の圏外などにいて緊急連絡がとれず，しかも要救助者の回復が見られない場合は，蘇生法の中止を決断する必要がある．どのタイミングでその判断をするかは，状況によって大きく異なり一般化するのは困難である．ただし，救助者の生命・安全が保証されないと判断される状況（雨，低温，日没など）に至ったら，蘇生法の継続を断念すべきである．その後，要救助者の位置を確認できるようにし，ただちに避難する．また，避難の途上で適宜連絡を試み，救助を求めるべきである．

日本医師会のホームページ[*4)]に蘇生法の手順がアップされており，ダウンロードが可能である．スマートフォンからでもダウンロードできる[*5)]．

3.3.4 吐瀉物・異物の除去

口内に異物が詰まっている場合は指でかき出す（この際，感染症に注意すること）．また，気道内に異物が詰まっている場合や大量の水を飲んでいる場合は，以下の 2 つの方法のいずれかで吐き出させる．

- ハイムリック法（図 3.2）： 要救助者を背後から抱え，腹上に手を組んで引き上げる．成人には最も有効な方法だが内臓を傷つける恐れのある妊婦や乳幼児には行わない．
- 背部叩打法（こうだ）： 妊婦，子供などの場合，後ろから抱えて手のひらで背中を強く殴打する．

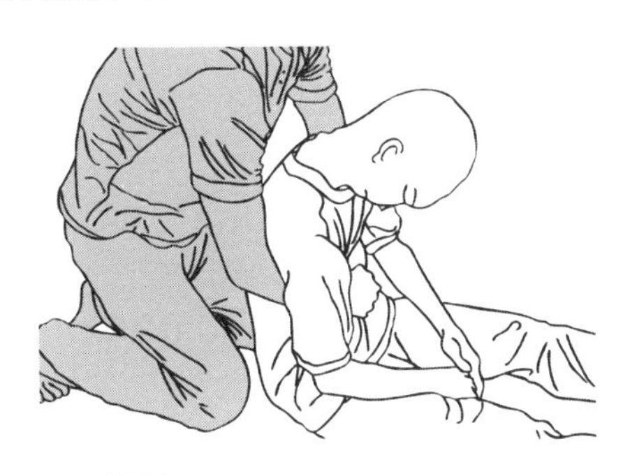

図 3.2 ハイムリック法による強制嘔吐

3.3.5 包帯法と固定法

止血が完了し，外傷部位を消毒したら，患部にガーゼをあてて上から包帯でくるむ．包帯の末端は本結びする（3.6.3 項（1）参照）．本結びだ

---

*4) https://www.med.or.jp/99/index.html
*5) http://www.med.or.jp/99/shortcut.html

とゆるみが少ない．

骨折・捻挫（ねんざ）の場合は，現場で形状を無理に修復しようとせず，要救助者の負担が最も少ない形で固定する．外部に骨が飛び出した開放骨折の場合も，無理に骨を元に戻さず，患部の上から消毒薬をしみこませた大型のガーゼをかけ，そのまま副木（そえぎ）をあてて，三角巾などで固定する．

副木は木の枝やストック，新聞紙・段ボール，画板，折れ尺，ペットボトル，ビニール袋に空気を入れたものなど，さまざまなもので代用できる．冷静になって周辺を見回し，使いやすいものを探す．

通常のフィールド調査中の転倒時などに骨折や捻挫しやすいのは，上腕部，鎖骨，足首などである．図 3.3 は上腕負傷時の包帯法の例である．こうした場合の包帯の使い方を，赤十字などの救急法講習会で習得・訓練しておくとよい．固定は三角巾を使用すると，多様な結び方ができて便利である．

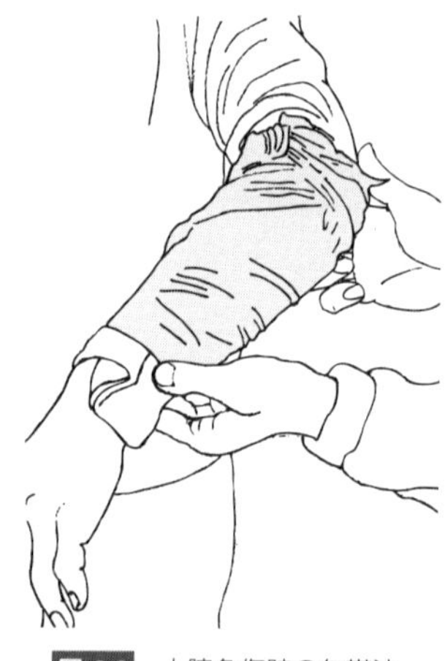

図 3.3 上腕負傷時の包帯法

3.3.6 体位と安静

フィールドでは事故発生後，要救助者の搬出までの時間が一般に長い．この間の要救助者の体位によって，体力の消耗やショック・苦痛の程度などはかなり異なる．そこで，主要な回復体位を数例挙げるので，実習によって確実に習得されたい．

(1) 回復体位（側臥位）（図 3.4）　呼吸はあるが意識のない傷病者に用いる．体全体を横向きにし，脚を曲げて安定させる．顔を横に向け，下側にくる手を枕代わりにする．頭部は後屈させて気道を確保し，口を下に向けて吐瀉物が自然に流れ出るようにする．

(2) ショック体位（足高仰臥位）（図 3.5）**と減痛体位**　呼吸・意識ともにある傷病者に用いる．あおむきに寝かせ，上半身よりも足を上げるものである．出血性ショックや貧血時は足の下にザックなどを敷き，足を 30 cm 程度上げる．腹痛の場合はひざを曲げて腹部の緊張を緩和させる．

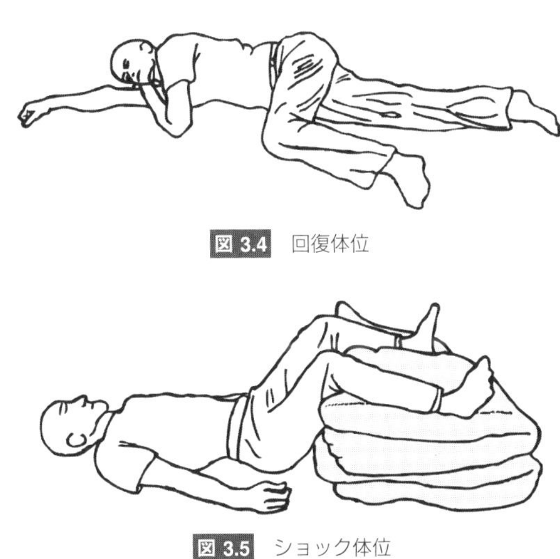

図 3.4 回復体位

図 3.5 ショック体位

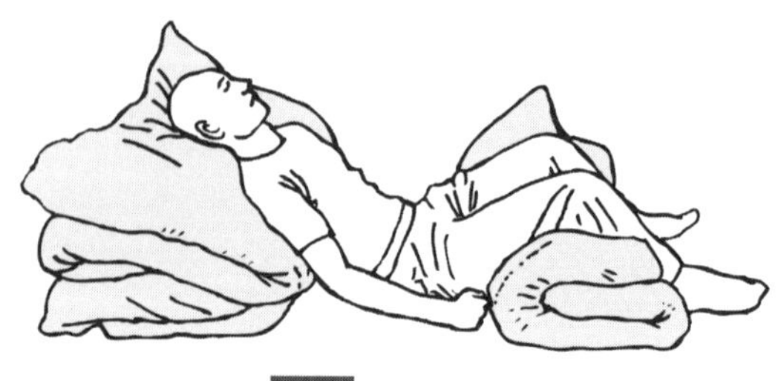

図 3.6 頭高仰臥位

図 3.7 胸痛時の体位

(3) 頭高仰臥位（図 3.6） 呼吸・意識ともにある傷病者で，頭部のけがや脳卒中が疑われる場合に用いる．傷病者の頭をもちあげて上向きに寝かせる．

(4) 胸痛時の体位（図 3.7） 呼吸・意識ともにある傷病者で，胸を押さえて苦しがっている傷病者に用いる．このような傷病者を寝かせると余計に苦しがることがある．この場合は，地面に座らせて，上半身を椅子やザックにもたれかけさせると比較的楽になる．

3.3.7 搬出法

傷病者を搬出する方法は，傷病者の傷害部位になるべく負担をかけず，かつ，搬出する側にも過度の負担がかからない運び方であれば，どのような方法でも良い．しかし，実際には，どのような運び方でも，お互いに一定の負担はかかるので，相対的に負担の少ないものを選ぶしかない．

(1) ドラッグ（図 3.8）　事故現場から要救助者を近くの安全地帯に引きずり出す方法．要救助者の背面にまわり，上体を起こして脇の下から手を回して引きずる（英語で drag）．要救助者の腕をどのようにつかむかを覚えておく必要がある．また，頭部・頸部・腰椎（ようつい）の損傷者には使用しない．運ぶ側が 2 名いる場合は，もう 1 人が足をもちあげる．

(2) 背負い搬送　意識がある要救助者の搬出は，短距離であれば，単純に背負うだけでよい．しかし，長距離の場合は，背負った要救助者がずり落ちるのを防ぐために，ザック（リュックサック）を使って，要救助者を固定するとよい．いくつか方法があるが，図 3.9 はその運搬方法の 1 例である．中身を出したザックの上下を逆さまにし，肩ひもの長さを最大にする．肩パッドの部分に要救助者の脚を通し，ザックに座らせるような体勢をとらせる．パッドの下部の肩ひもにタオル，衣類など

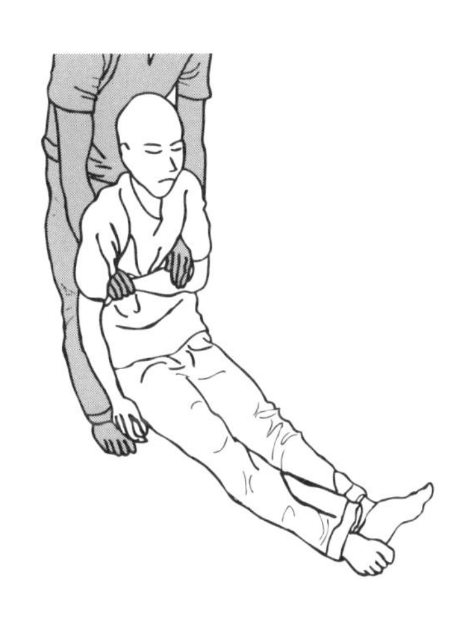

図 3.8 ドラッグによる運搬（要救助者の腕のつかみ方に注意）

図 3.9 ザックを用いた背負い運搬の例

を巻きつけた後，脚の上部の肩ひもに腕を通し，担ぎ上げる．

(3) 担架による搬送　頭部外傷（頭蓋骨の骨折や脳挫傷が疑われるケース），頸部外傷，手足・腹部の骨折や裂傷，意識不明のケースでは担架を作って運ぶしかない．手持ちの材料と周辺の樹木などを用いて簡易担架を作成する（図 3.10）．ツェルトやテントフライ，ビニールシートなどの大型の布と低木の幹が 2 本用意できれば最低限の担架は作れる．

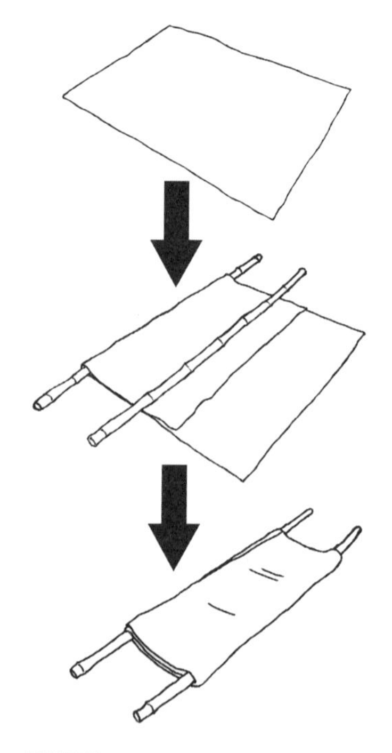

図 3.10　大型の布と木材を用いた担架

3.3.8 症例別手当法

(1) 熱中症　「熱中症」は高温下の活動などで体温調節機能が異常をきたした状態の総称である．頭痛，めまい，吐き気，痙攣などの症状を起こし，体温の異常な上昇，昏睡（意識不明），死亡に至る．身近ではあるが重大な疾患である．進行状態によって以下の 3 通りに区分される．

- I 度：　熱失神（めまい，生あくび），熱けいれん（筋肉痛，筋肉の硬直，手足のしびれ，気分の不快）
- II 度：　熱疲労（頭痛，嘔吐，倦怠感，虚脱感）
- III 度：　熱射病（II 度の症状に加え，意識障害，けいれん，手足の運動障害，肝・腎機能障害，血液凝固障害）

対処方法は，とにかく涼しいところに移して体温を下げることにつきる．ベルトやボタンをゆるめ，頸や腋の下，鼠径部にぬれたタオルや氷のうをあて，太い動脈を急速に冷却する．電解質不足が原因になっている場合が多いので，水分補給は慎重に行う必要がある．水だけを大量に飲ませるのではなく，スポーツドリンクや経口補水液，塩分を加えた水を少しずつ与える．

熱射病まで進行したものは，体中に水をかけるなどして急速に冷却しないと重篤になる．

経口補水液は，液体・パウダーが市販されている．なお，塩 3 g（小さじ 1/2 杯），砂糖 40 g（大さじ 4 と 1/2 杯）を水 1 L に溶かすことで，経口補水液とほぼ浸透圧が等しい飲料を作ることができる．

(2) 下痢　自力でトイレに行くことができる程度の下痢の場合は，安静にし，可能であれば医療機関で受診する．また受診できない場合は様子をみる．その際，冷たくない経口補水液やスポーツドリンクを適宜飲み，水分補給に努める．また，食事は 24 時間程度控え，この間は止瀉薬（下痢止め）を服用しないほうがよい．

耐えられないほどの腹痛を伴う激烈な下痢の場合は，大半は急性腸炎や水あたりのためだが，食中毒や赤痢などの感染症の可能性もある．食事をしていなくても下痢が止まらずに，腹部の痙攣や虚脱状態がみられる場合は，かなり重篤で危険である．医療機関への搬送が可能な場合は，ただちに搬送し受診する．医療機関までの距離が遠い，あるいは途上国などで医療体制が脆弱な場合は，胃腸薬や止瀉薬を服用する．改善が見られない場合は，ブスコパン®を服用し胃腸のぜん動を止めると症状が治まることが多い（赤痢をはじめ細菌性の下痢には止瀉薬およびブスコパン®を使用してはいけない）．給水に努めつつ，全身状態の確認を行いながら医療機関への搬送を模索する．

ひどい下痢が続くと，脱水症状により死亡する．医者以外が行える脱水症状を防ぐ方法は給水しかない．口から水分を摂れる状態ならば，スプーン 1 杯程度の量であっても経口補水液などを飲み続けるようにする．1 日に 500〜1000 mL 程度の経口補水液を摂取することが望ましい．その際，飲んだ量を記録しておくと受診時の参考になる．

(3) 熱傷（やけど）　テント泊やたき火などの際に発生することが多い．衣類の上から熱湯がかかった場合や衣類ごと燃えた場合は皮膚が衣類と癒着しているので，むやみに脱がせずに衣類の上から水をかける．小規模の熱傷であれば，消毒後に外用抗生物質を塗布してガーゼをあてた上から包帯を巻く．重度の熱傷で皮膚の深部や筋肉まで被害が及んでいるケースや，熱傷面積が広範な場合は冷却したらただちに医療機関に搬送する．搬送途中での呼吸困難や外傷性ショックには十分に留意する．

(4) 低体温症　寒冷な場所で十分な防寒具なしで行動した場合や，発汗・強風によって体温が奪われた場合に発生する．重度の場合，意識が混濁し凍死に至る．虚脱状態や歩行のよろめき，眠気，会話の混乱などが出てきたら危険である．雨と風による湿性の寒冷下では，症状の進行がきわめて急速な場合があることが知られている．強風時あるいは何らかの要因で体をぬらした場合で，気温が低い場合は，即座に行動・調査を打ち切って症状の回復に努める．また，低体温症が発症すると判断力も著しく低下することを知っておくべきである．

基本的な対処法は熱中症の逆で，ぬれた衣服は着替えさせ，シュラフなどに入れて保温する．腋の下，鼠径部を使い捨てカイロや湯たんぽで暖めることで体温を取り戻す．温かい飲み物を飲ませるのはよいが，アルコールは血管拡張作用があるので良くない．体温が下がった状態で風呂などに入れると，冷えた血液が体の中心部に流れ込んでショック状態となるので危険である．

予防策として，体をぬらさず風に吹かれないことに加え，十分な量のエネルギーを摂取することが重要である（羽根田ら 2012）．また，野外での活動経験が少ない者は，いつ防寒具を着用すべきなのか判断できない場合がある．リーダーは，メンバーの活動状況や着衣の状況を適宜観察し，必要に応じて着替えの指示をすべきである．

(5) 凍傷　低温の影響によって末梢部の血管が収縮して血液循環が悪化し，その結果組織の一部が凍結・破壊・壊死した状態をいう．高緯度・高標高地帯での冬季のフィールド作業でよく生じる．フィールド調査中に患う凍傷は，水疱が生じたりする症状（被害段階では I 度（軽度）もしくは II 度（中度）に相当する）を呈することが多い．凍傷がさらに進行すると III 度（深部性凍傷）となり，皮下組織・骨まで破壊されて黒変・壊死する．III 度は治癒せず，発症部位の切断となることがある．

手足の指と顔面（鼻・ほお・耳たぶ）が最も被害を受けやすい．手袋，靴下，目出帽などの防寒装備を十分に装着し，それらの部位を雪や汗でぬらさず，強風をあてないことが重要である．

調査中に手足の指が痛んだり，感覚がなくなったりしたら，即座に作業を中止し，衣類をとりかえ，摩擦により血行を促進する．完全に皮膚感覚がなくなり，皮膚が白くなったら重症化しかけているので応急処置をする．この段階に至ったら，こすってはいけない．処置の基本は，患部を温めることである．40°C 前後のぬるま湯に 30 分～1 時間程度つけて回復を試みる．また，可能な限り早い機会に受診することが重要である．

3.4 危険生物および感染症への対処

3.4.1 攻撃型有毒生物（ハチ・毒ヘビ）への対処法

ハチ，毒ヘビに関しては自治体などが出没状況を把握，公開している場合もある．調査地付近の自治体などに問い合わせてみることも有用である．また，出没状況についての張り紙などにも注意する．

(1) ハチ　ハチ類の毒に対する反応は個人によって異なり，ハチ毒に対する抗体を多くもつ人ほど，刺された時に重篤な症状を起こしやすい．人によっては，呼吸困難，血圧低下などを伴う急性アレルギー（アナフィラキシー・ショック）を発症する．

森林などハチに遭遇しうる場所で作業をするものは，ハチに刺された経験の有無にかかわらず，医療機関において，調査前にハチ毒に対するアレルギーの有無・程度を調べておくことを勧める．スズメバチ，ミツバチ，アシナガバチについては簡便に検査できる．費用は医療機関によって異なるが，全額自己負担で 10,000 円程度のところが多い．ハチに刺されたことがある場合は保険が適用できる．

抗体値の高い人は，あらかじめエピネフリン自己注射キット（エピペン®）（図 3.11）などの処方を受け，購入しておき，ハチに刺されてアナフィラキシー・ショックが起きるようなら自己注射する．エピネフリン自己注射は一時的に症状を緩和させるためのものなので，症状が治まっても，すぐに付近の専門医療機関（皮膚科，アレルギー科など）を受診する．

また，抗アレルギーの内服薬を処方してもらうことも有効な対策である．程度の軽い場合は抗ヒスタミン剤やステロイド剤の軟膏や内服薬も有用であるため，これらをあらかじめ常備薬に入れておく．なお，アンモニアはハチ毒に対しては効果がない．

このほかにポイズン・リムーバー（毒吸い出し器）も，刺された直後なら有効であるといわれている．しかし，使用を推奨しない医師もいる．

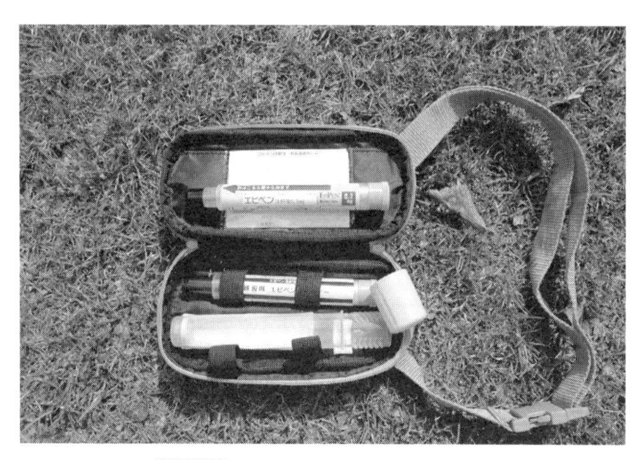

図 3.11 エピネフリン自己注射キット

ポイズン・リムーバーにせよ，エピペン®にせよフィールドにもっていくだけではなく，すぐに対処できるように作業現場にもっていくことが必要である．

山に入る場合には長靴，厚手の服・帽子を着用し，ハチ類対策をする．また，ハチ類は黒いものに対して向かっていく習性がある場合が多いので，黒っぽい色の服は避けるとよい．また，香水・化粧品・シャンプーなどのにおいに集まる場合もあるので，特に巣の近くでは注意する．ジュースなどにもハチが寄ってくることがあるので，飲むときには注意し，飲み残りを放置しない．巣から離れて行動している集団性のハチはやたらと攻撃するものではないので，ハチ類が体にたかったり，周りにきた場合も手でいきなり払ったりするのではなく，ハチが去るのを静かに待つ．ある程度距離ができたらゆっくりと離れるか，屋内の場合は十分に安全を確認して排除する．しかし巣の近くのハチ類は積極的に攻撃してくる場合があるので，威嚇行動を受けた，あるいは巣に近づいてしまったら，ただちにその場を立ち去る．

車の運転中に車内にハチ類が入ってきた場合は，ハザードランプをつけて，車を止めて静かに車外に排除すればよい．運転しながら，パニックになって払ったりするのは危険である．同様に木登りや岩登り中の有毒生物との遭遇はパニックにならずに対応することが肝要である．

ミツバチ類に刺された場合，体に残る毒針を取り除かないと付随するフェロモンの効果で新たな個体の攻撃を受ける．毒針を速やかに取り除き，巣のない方向（大体，歩いてきた方向）に移動する．スズメバチ類やアシナガバチの場合もその場からできるだけ立ち退き，さらなる攻撃や新たな個体の攻撃を避ける．ただし，あわて過ぎてパニックに陥らないように心がける．あわてると毒の回りが早くなる可能性がある．

(2) 毒ヘビ　毒ヘビに対してハイリスクな場所に行く場合は，そのヘビ毒の血清がある医療機関などを把握しておくことを勧める．特に沖縄県の離島調査の際は，ハブ血清が用意されている最寄りの医療機関をチェックしておく．毒ヘビの攻撃を避けるには，ゴム長靴を履く，厚手の服を着る，毒ヘビのいそうな場所は注意する，などの事前対策が第一の予防法である．また，ハチ毒によるアナフィラキシー・ショック対処薬のエピペン®は，ヘビ毒によるアナフィラキシー・ショックにも有効な場合がある．

毒ヘビにかまれた場合は，ただちに医療機関に行って血清を打つしか効果的な治療がない．しかし，最近では，副反応への懸念から血清を使用しない場合も多く，血清の接種に際しても同意書の提出を求められる場合もある．なお，CoSTR では，「蛇咬傷における毒素注入部位を吸引すべきではない」としている．

医療機関に行く前の注意事項として，下記が挙げられる．

- あわてず，安静にする：　体を動かすと毒の回りが早くなる可能性がある．
- やたらに縛らない：　国内の毒ヘビに対しては圧迫帯の効果は立証されていない．ただしコブラでは有効との見解もある（CoSTR）．
- やたらに切らない：　これは『野外における危険な生物』（日本自然保護協会，1994）での推奨事項．かまれた場所を切ることで，毒の排出効果が高まることはないと考えられる．

- 酒を飲まない．
- 患部を氷などで冷やさない．
- 勝手に血清を打たない：　抗血清症状が出る場合がある．また，かまれた毒ヘビの種類によって血清が異なるので，かんだ個体の特徴を覚えておくか，かんだ個体の死体などがあるなら保存しておく．

3.4.2　咬刺・裂傷加害生物（ヒグマ・サメなど），海産危険動物への対処法

(1)　クマ　　日本には，北海道にヒグマ，本州・四国にツキノワグマが生息している．どちらも最近は目撃数と事故が増えていて，最も注意すべき大型哺乳類である．山に入るときには，クマ出没情報に注意する．出没地域では，立て看板として，国有林，警察，地元自治体などにより提示される場合が多いが，情報が古い場合があるのでインターネットなどで最新の情報を得ることを勧める．

以前より，ヒグマやツキノワグマによる重大な殺傷事故が発生しており，傷害，死亡事故は毎年起きている．特にヒグマはツキノワグマよりもひとまわり体が大きく，襲われたら致命的な結果を招きやすい．しかし，基本的にはクマは積極的に人間を襲うことはなく，クマと人がお互いの存在に早くから気づいていれば，事故はまず起こらない．それでも山中で，どちらかがその存在に気づかないまま遭遇すると攻撃される可能性がある．特に危険なのは，子連れのメスグマに遭遇し，かつメスと子供の間に入ってしまった場合である．これを予防するには「鈴をつける」「声を出す」などして，クマに人間の存在を知らせることが重要である．

遭遇したクマの行動が，単なる威嚇か実際の攻撃かを見極めるのは難しい．クマが興奮していなければ静かにその場を離れる．背を見せて走って逃げるのは，クマの攻撃を誘発しうるので避ける．出会いがしらに逃げないで突進してくるクマは，こちらを攻撃する意図を有しているので，クマに向けてクマ撃退スプレーを発射する．スプレーの発射は，安全ピ

ンを抜いてあることを確認した後，風向きを考慮しつつ，クマが有効射程距離（スプレー缶の注意書きに書いてある）内に入った時点で行う．有効射程距離を超えた距離にいるクマに向けて発射しても効果がないことをよく覚えておく．いずれにせよ，クマ撃退スプレーの使用法を熟知しておく必要がある．

クマ撃退スプレーには有効期限もある．期限切れのものを使って訓練しておくとよい．人家のない場所で，風向きに注意しつつ飛ぶ距離を実感しておく．なお，訓練場所は，環境や人体への影響を十分に配慮しつつ選定する．クマ撃退スプレーは登山具店や通販などで購入できる．また関連のホームページ（5.5 節参照）にもスプレーの説明がある．

クマ撃退スプレーがないときや対応が間に合わないときは，突進してきたクマがぶつかる直前に，地面に伏せてやり過ごせる場合もある．また格闘という最悪のケースでも，鉈（なた）などで鼻面など弱い部分に打撃を与え，助かった例はいくつかある．攻撃され続けたら，「どうせ殺されるなら」という覚悟で目を突く，あるいは鉈やピッケルなどを使ってあらゆる抵抗を試みる．俗に言われる「死んだまね」や「下り坂を走って逃げる」は効果がない．

クマの生息地でキャンプをする場合は，食料や生ゴミは厳封し，テントから十分に離れたところに置く．生ゴミをテント近くに埋めることは非常に危険であり，決して行ってはいけない．さらに，クマに食料やザックなどを一度とられた場合は，取り返してはいけない．クマは自分のものと認識したものに執着するので，それを取り返すことは挑発行為となる．

(2)　クマ以外の中大型哺乳類　クマ以外に日本で注意すべき中大型哺乳類は，イノシシ，ニホンザル，ノイヌ（ノライヌ），繁殖期のオスのニホンジカ，ニホンカモシカである．特に，イノシシとニホンザルによる傷害事故が多発している．これらの哺乳類に対してもクマ撃退スプレーは有効なので，これらに遭遇するリスクが高い場合にはスプレーを持参するとよい．

また，攻撃による事故ではないが，大型のエゾシカ（北海道産のニホンジカ）が自動車に衝突する交通事故の例も増えている．シカの多い地域では，特に夜間の自動車走行には注意する．

海外では大型哺乳類や肉食動物などが生息する場合があるので，地元の危険生物の情報を収集する．

(3) サメ，その他の海産動物　海産動物では，サメ類による攻撃での死亡例が報告されている．危険なサメ情報については地元自治体，漁協，ダイビング関係などで把握している場合があるので，潜水調査などをする場合はあらかじめ情報を調べておく必要もある．

サメ攻撃予防の例として，サメのいる海域で，海面をむやみにたたかない，血を出さない，あるいは血の出ているものをもたない，きらきらしたものなどを身につけないなどが挙げられる．またサメ対策の棒やナイフなどを携帯する．

サメのほかにも危険・有毒な海産動物がいる．あらかじめ調査地近辺に生息している危険生物・有毒生物について，生態や習性も含めよく知っておく必要がある．大型のカニやシャコガイに挟まれて傷を負うことがある．ウツボにはかまれることがある．マガキガイは，鋸歯（きょし）のある鋭いふたを振り回す習性があり，このふたで手などを切ることがある．鋭い口吻をもつダツは，夜間，水面や船上で水平にライトを照らすと光源に向かって突進し，時に人体に口吻が刺さる．人の顔面にダツが刺さって死亡した事例もある．ヒョウモンダコには強い毒があり，かまれると命に関わるという．

刺胞動物（クラゲ，サンゴ，シロガヤなど）やゴンズイ・カサゴなどのひれの棘（とげ），アカエイの尾の棘には毒があり，刺されると腫れる．刺胞動物に刺された場合は，流水でよく刺胞を洗い流す．黒潮流域では毒性の強いクラゲ，カツオノエボシがしばしば岸近くに現れる．海に入る前に，岸辺にカツオノエボシが打ち上がっているかどうか確認するとよい．有毒生物に刺された場合は，皮膚科で診療を受ける際に，何に刺されたか医師に伝える．病院へ行くまで時間がかかる場合は，普段使っているステロイド軟膏を塗るという手段もある．

3.4.3 感染症と予防接種

予防接種を受けたい場合は，最寄りの検疫所や検疫衛生協会に事前に相談する必要がある．以下に主な感染症とその予防接種について述べる．

(1) 破傷風　土壌中の破傷風菌が，傷口から体内に侵入することで感染．渡航先に関係なくフィールド調査する研究者は受けておいたほうがよい．ヒトからヒトへは感染しない．DPT3 種混合ワクチン（ジフテリア・破傷風・百日咳）は，1 回接種で 10 年間免疫が有効．

〔接種方法〕　3 回接種（初回 0.5 mL → 3〜8 週間後に 2 回目 0.5 mL → 6〜18 カ月後に追加 0.5 mL）

(2) A 型肝炎　A 型肝炎ウイルスに汚染された水や野菜，魚介類を生で食べることにより感染．基本はヒトからヒトへの感染で，食物を介さないこともある．特に，途上国に中・長期（1 カ月以上）滞在する場合や 70 歳以下の人は，接種を受けることが望ましい．

〔接種方法〕　3 回接種（初回 0.5 mL → 2〜4 週間後に 2 回目 0.5 mL → 6 カ月後に 3 回目 0.5 mL）

(3) B 型肝炎　感染者の血液や体液を介して感染．特に東南アジアで感染が多い．検疫所ではワクチンの接種は行っていないため，必要な際は近くの医療機関に相談する．

〔接種方法〕　3 回接種（初回 0.5 mL → 4 週間後 2 回目 0.5 mL → 6 カ月後 3 回目 0.5 mL）

(4) 狂犬病，咬傷からの細菌感染　狂犬病ウイルスを保持した哺乳類（イヌ，キツネ，アライグマ，スカンク，コウモリなど）にかまれることによって感染する危険性が高く，発症すればほぼ 100%死亡し，治療法はない．ただし感染源と推定される動物にかまれてから 0 日目，3 日目，7 日目，14 日目，30 日目，90 日目と 6 回ワクチンを接種することにより発症を防ぐことができる．ヒトからヒトへは感染しない．

感染の危険がある地域は広く，アジア，アフリカ，中南米に長期滞在する，あるいは動物と直接接する研究者，調査地が奥地で十分な医療機関にかかれない場合は予防接種を受けたほうがよい．ヨーロッパでもコウモリを媒介者とした発症が近年報告されている．また，北米でも症例が連続的に報告されている．

〔接種方法〕　3回接種（組織培養不活化ワクチンの場合，初回1.0 mL→4週間後2回目1.0 mL→6～12カ月後3回目1.0 mL）3回のワクチン接種後，6カ月以内にかまれた場合には，0日目，3日目に2回接種が必要．6カ月経過後にかまれた際には，かまれてから0日目，3日目，7日目，14日目，30日目，90日目の6回のワクチン接種が必要．

狂犬病の予防接種をしているイヌなどにかまれた場合は，狂犬病への感染の心配はないが，動物の口から嫌気性細菌が傷口に感染し，化膿や敗血症を起こす可能性がある．嫌気性細菌の増殖を抑えるため，動物にかまれた深い傷口は，まずよく洗浄し，医師による処置（傷口の開放など）を受けること．

(5)　日本脳炎　日本脳炎ウイルスは，ブタの体内で増殖し，コガタアカイエカなどの蚊によってブタからヒトに感染する（ヒトからヒトへは感染しない）．発症した場合は死亡率が高く後遺症を残すことが多い．

国による定期予防接種は，一時中断していたが，平成21年2月23日付けで乾燥細胞培養日本脳炎ワクチンが承認され，平成21年6月初旬から供給が開始されている．

〔接種方法〕　3回接種（初回0.5 mL→1～4週間後2回目0.5 mL→12カ月後3回目0.5 mL，この後4～5年間免疫有効）．

(6)　ポリオ　主な伝染源は感染者のふん便から排出されたウイルスで，さまざまな経路で経口感染する．南アジア，中近東，アフリカへの渡航者は追加接種が望ましい．特に1975～1977年生まれの人はポリオワクチンの効果が低かったことが報告されているため，追加接種を受けたほうがよい．

〔接種方法〕　1回接種（0.05 mL）．

(7)　コレラ　コレラ菌を病原体とする経口感染症．ワクチンはあるが，日本で承認されているものはない．衛生面や食生活での予防が重視されている．

〔接種方法〕　経口接種（2 回）.

(8)　ペスト　齧歯類（ネズミやリス）やウサギなどに寄生しているペスト菌を保有したノミによって媒介される．ヒトからヒトへも感染する．予防接種の副反応が強く，効果も必ずしも十分ではないため，全世界的に勧められていない．法律的には認可されているが，国内ではワクチンを保有している医療機関がないため，接種を希望する場合はワクチンを個人輸入する必要がある．

〔接種方法〕　3 回接種（初回 0.5 mL → 3 日後 2 回目接種 1.0 mL → 3 日後 3 回目 1.5 mL）.

(9)　ジフテリア　ジフテリア菌の飛沫（ひまつ）感染による．ヒトからヒトへの感染が可能．ロシア，東ヨーロッパに長期間滞在する際，受けることが望ましい．破傷風と一緒に DPT 3 種混合ワクチンに含まれるので，定期予防接種で 12 歳のときに受けていれば 20 代前半までは免疫がある．その後は 1 回の接種で 10 年間有効である．

〔接種方法〕　3 回接種（初回 0.5 mL → 3〜8 週間後 2 回目 0.5 mL → 6〜18 カ月後追加接種 0.5 mL）.

(10)　マラリア　マラリア原虫をもった蚊（ハマダラカ，夕方から夜にかけて発生）によって媒介される．マラリア流行地域に到着する 1 週間前から，予防薬を飲み始める必要があるため，それまでに医師から処方を受ける．マラリア予防薬は，人によっては副作用があり，また予防薬を内服していてもマラリアに感染することもある．予防薬を扱っている医療機関は，各検疫所に問い合わせること．マラリア治療薬や予防薬は，処方箋がなくとも現地の薬局などで購入できる場合があるので，事前に現地の人に薬剤の購入などについて問い合わせてみるとよい．

(11)　黄熱　ネッタイシマカなどによって黄熱ウイルスが媒介される．中央アフリカや南米などの熱帯地域への渡航には，黄熱病予防接種に関する国際証明書（イエローカード）が必要である．また，黄熱の流行国からインドや東南アジアの国へ入国するときも証明書の提示が要求される．この証明書は，接種後 10 日後から 10 年間有効である．

〔接種方法〕　1回接種 0.5 mL.

(12)　ダニ脳炎　TBE（tick-borne encephalitis）に感染したマダニによって媒介される．ユーラシア大陸では一般的な感染症であり，感染した場合には確実な治療法がない．日本では北海道で確認されている．マダニの多い場所で調査する人が，ワクチン接種を希望する場合は，接種に応じてくれる医療機関で接種を受ける．

3.5　気象予測

直接気象を計測する気象学・海洋学・砂防系の分野はもとより，生態学においても森林内の気象の直接計測を行うことは多い．また，山の中や渓流の調査では，疲労凍死などの気象遭難・土石流・雪崩などから身を守り，安全かつ確実に調査を遂行するために，気象予測は重要な技術である．専門の気象計測については別の機会に学ぶとして，ここでは山中の行動を安全に行うための初歩の気象学について説明する．

3.5.1　天気図と気象衛星画像，天気予報の使い方

近年，携帯電話やインターネットで天気予報に加え，天気図や気象衛星画像，降雨レーダー画像まで簡単に手に入るようになった．日常生活では，これらの情報を利用していれば生活に何ら支障はない．また，日帰り程度の短い調査旅行ならば既存の天気情報でも十分対応できる．以下のホームページは非常に利用価値が高い．

- ウェザーニュース[*6]：　気象関連のホームページの中で最も一般的．実況の地上天気図，AMeDAS，気象衛星画像などが無料で手に入る．
- 国際気象海洋株式会社（IMOC）[*7]：　ウェザーニュースよりも専門的で，質の高い一次データを提供している．特に，高層天気図がリアルタイムでアップされる点や，気象庁発表の予報文が原文で掲

[*6] https://weathernews.jp
[*7] https://www.imocwx.com/index.php

載されるなどの点はほかのホームページにない大きな特徴である．3000 m 級の高山で調査をする場合には特に重宝する．

しかし，標高の高い山岳地域や海洋島などの調査研究では，電波状況によって，こうした情報が全く利用できないことがある．AM ラジオや短波ラジオの電波しか受信できない場所では，従来通りの天気図作成と気象予測が必要となる（この作業は気象学の根本を学ぶ作業であり，トレーニングの一部としてぜひ挑戦していただきたい）．

山岳の気象は一般に地上のそれよりも変化のスピードが格段に速く，その変化幅も大きい．加えて，山岳地には地形や気流の影響により，その地域固有の気象変化の「クセ」があり，この地域差が大きい場所では通常の天気予報が当てはまらないケースが出てくる．

こうした山岳地特有の気象条件は，これを熟知し準備している者とそうでない者の間に決定的な差をもたらしうる．つまり，同じ気象条件下でも，ある者は確実に調査を遂行し下山できるし，ある者は遭難事故を起こしたり，データなしで撤退したりすることになる．後者は避けたい事態であり，そのためには AM ラジオと目の前の雲，および地域気象の知識から，翌日の天気の変化傾向を推定する技術を会得してほしい．

3.5.2　天気図作図・読図の基本

天気図の詳しい描き方は，多数出版されている技術書やホームページに譲り，ここでは最小限の情報のみを記す．天気図読図法が書かれた書籍で，典型的な気圧配置とそれがもたらす気象変化パターンを頭に入れるとよい．

- ラジオの気象通報（地上天気図）：　NHK 第 2 放送で 16:00～16:20 の 20 分間．
- 天気図用紙：　クライム気象図書出版から発行され，初心者には大きくて描きやすい No.1 書式を，経験者にはエリアの広い No.2 書式を勧める．いずれも安価で通販で入手できる[*8)]．大手の通販サイトでは，法外な値段が付けられているケースもあるのでよく確認する．

- 等圧線を引く：　気圧の尾根・谷の形に十分配慮し，できる限り正確に引くことを心がける．山岳地では，前線にならない小さな気圧の谷や特定方向からの風の吹きつけで天候が大きく変化するためである．
- 読図：　自分がいる位置の西側にある低気圧や前線周辺の観測点データに注目する．これを基に雲の配置や風の方向を把握し，低気圧の移動速度を基に翌日の天気の変化傾向を予測する．

3.5.3　観天望気

雲・風・体感気温・空の色などから短期間の天気予測を行うことを観天望気という．雲や風は直接的に気象現象を起こす主体であり，その変化を正確に分析することは今も昔も気象予測の原点である．仮に天気図がない場合でも，最低限の雲の知識があれば行動の安全が確保される場合も多い．このため，雲の見方を体系的に学習することはフィールドワーカーにとって必須の作業といえる．また，雲と気圧配置の関係性を理解すれば，天気図と観天望気を組み合わせた局所予想が可能となり精度は飛躍的に向上する．

(1)　十種雲級（雲形）　　雲は大気の状態を教えてくれる．気象情報のみに頼るのではなく，雲を見て天気の変化を常に監視するようにしたい．雲の形だけでなく，動き・増減にも注意する．ラジオなどで得た広域的な気圧配置を頭に入れたうえで雲を観察すると，より確実である．

さまざまな雲を出現高度と形状（層状か雲塊状か）によって分け，さらに雲が水滴か氷かなどで細分することによってカテゴライズしたのが十種雲級である（図 3.12，表 3.1）．観天望気の最も基本となる分類体系であるが，覚えて使いこなすには少々慣れが必要である．

[*8)] http://www.climb-1.co.jp/

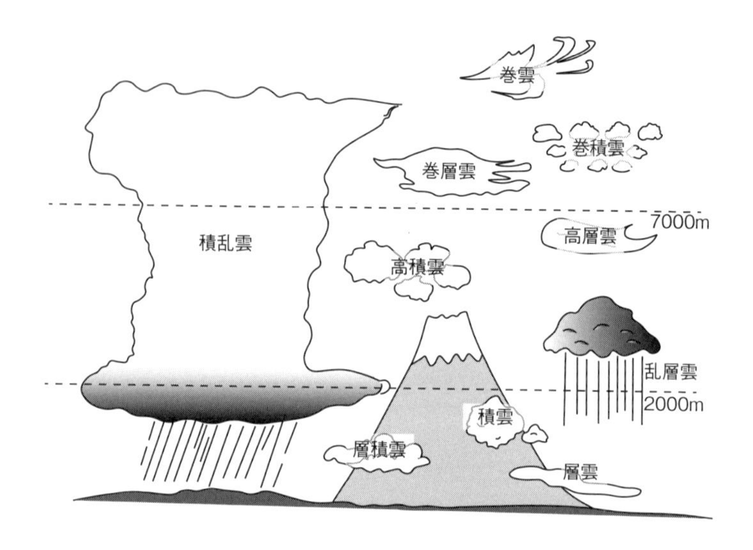

図 3.12 雲の種類（十種雲級）

表 3.1 雲の高さと形による分類（十種雲級）

雲の名前	発生する高さ	特徴など
巻雲 （すじ雲）	上層（5000～13000 m）に発生	最高層に発生する絹状の雲．晴れ巻雲と雨巻雲の 2 タイプ．前者は白色で絹糸が絡まったり渦を巻いたように見えて，好天の前兆．後者は灰色で重い感じで，悪天の前兆．
巻層雲 （うす雲）		薄いベールで覆われた感じの雲．この雲が太陽や月を覆うとかさがかかることがある．この雲が西の空から広がり，高層雲に変わると，天気が崩れやすい．
巻積雲 （うろこ雲）		魚のうろこのような白い塊状の雲．秋の空でよく見られ，気流が乱れているときにできる．

表は次ページに続く

前ページからの続き

雲の名前	発生する高さ	特徴など
高積雲（ひつじ雲）	中層（2000～7000 m）に発生	白色か灰色の丸みのある塊状の雲．ほかの雲に短時間で推移する．空全体に広がって高層雲に変わると天気が崩れやすい．雲塊が消えていくときは好天の前兆．
高層雲（おぼろ雲）		灰色のベール状で，曇り空の代表的な雲．巻層雲が西の空からこの雲に変わるようなときは，高い確率で悪天となる．
乱層雲（雨雲・雪雲）		いわゆる雨雲で，全天を覆う暗い灰色の厚い雲．前兆に高層雲がかかる．温暖前線の前面や低気圧の東側と北側に現れる．
層積雲（うね雲）	下層（2000 m以下）に発生	畑のうねのように細長い塊状の雲．雲と雲の間から中層の雲が広がるときは，天気が崩れることが多い．雲は山を越えられないので，山脈の反対側では晴天となる．
層雲（きり雲）		雲海などきわめて低い高度にベール状に広がったもの．早朝発生して時間とともに消えていく場合は，晴れの前兆．
積雲（わた雲）	下層～上層	日射の影響によって発生した雲．大気が安定しているときはすぐに消えてしまうが，大気が不安定なときは積乱雲に移行する．
積乱雲（雷雲）		大気が不安定なときに積雲から発達し，大雨，突風，雹，大雪などをもたらす危険な雲．早いときはわずか 5 分ほどで積雲から移行する．

温帯低気圧が近づいている場合，まず高層の雲，次に中層，最後に下層の雲と，順番に現れる．雲の動きは上空の風の動きを示すので，下層の雲が現れる前の見通しのきく段階で，自分が低気圧に対してどんな位置にいるかが判断できる．地表の風は，山があると地形に沿って向きを変えるので，観測される風よりも雲の動きのほうが，全体の風の流れを知るうえでは有効である．低層の雲（層雲・層積雲）があっても上層の雲がなければ，天気は悪くならない．

- 特殊な雲：　レンズ雲（多くは高積雲が変形したもの），笠雲，つるし雲などは強風を意味し，強い寒冷前線に伴って現れることが多い．

飛行機雲が時間がたっても消えないで，太くなるようなら，天気は悪くなっている．

- 雲が現れてから雨・雪が降り出すまでの時間（例）：
  - ◦ 巻雲（天気は晴れ）　10～15 時間
  - ◦ 高層雲（天気は高曇り）　2～3 時間
  - ◦ レンズ雲を伴った積乱雲　30 分以下

(2) 前線　寒冷前線の動きには十分注意する．特に寒気を伴う場合，激しい雷雨（雪）になり，冬なら続いて季節風の吹き出しによる吹雪になる．低気圧が北を離れて通り，直接の影響が小さい場合でも，低気圧後方の寒冷前線によって天気が急変し，時には強い雷雨になることがある．寒冷前線による悪天の場合，天気の変化が速いため避難が間に合わないことも少なくない．天気図とあわせて警戒するべきである．停滞前線があるとき（梅雨・秋雨）は天気の予測が難しい．天気予報もはずれやすく，臨機応変な対応が必要になる．

3.6 ロープワーク

ロープワークとは「ひも」の結び方の総称である．ちょう結びなどの一般的なひもの結び方は，体を預ける命綱や重量物を結ぶ場合には適さず，危険でもある．ロープワークはひとつ間違えると命に関わるので，繰り返し練習しておくべきである．初心者は，登山用具店などが主催する岩登り教室などで基礎を学ぶとよい．

3.6.1 主な装備品

一般的な岩登りや，林冠や洞窟における調査でのロープワークに必要な装備品について説明する（図 3.13）．

(1) ロープ　使用目的に応じて，適切なロープを選択することが重要である．命綱など大きな負荷をかける場合は，適切な材質で作られた，十分な太さとせん断応力（耐衝撃と静荷重）を有するロープであることを確認してから使用する．せん断応力・耐荷重などの試験データすら明示されていないロープに体を預けてはならない．徐々に重さがかかるとき，あるいは急に重さがかかるときのロープの切れやすさは，ロープの素材や編み方によって大幅に異なる．

一般に，8.9〜11 mm 径のものをシングルで使用する（8〜9 mm 径のものはクライミングのダブルロープ用）．クライミング用のダイナミックロープとケイビングで使われるスタティックロープがあるが，林冠調査などに限れば，伸縮性の少ないスタティックロープのほうが使いやすい．

ロープに記載されている強度は，製造時のものである．経年劣化は避けられないので，古いロープの使用は避け，3〜5 年で新しいものに交換する．使用前には傷がないことを確認する．使用中に急な荷重がかかったり，岩角などと擦れたりしたものは交換する．ロープを購入した際には，端からロープがほどけてこないように末端を何らかの方法で固める末端処理を行う．ロープは絶対に踏んだり，ほかの用途（たとえば，荷揚

図 3.13 ロープワークで使う主な装備

げや自動車のけん引）に使ったりしてはならない．水にぬらすこと，登攀器・下降器の使用（特にユマール）は，ロープの寿命を短くすることも覚えておく．

(2) ハーネス　高所作業をする場合には，確保をとりやすいように，ロッククライミング用のシットハーネスを着用する（チェストハーネスは，ロープに長時間ぶら下がる場合にはあったほうがよいが，補助的に確保をとる場合にはなくともよい）．シットハーネスは個人装備として，自分の体に合ったサイズのものをなじませて使用する．ハーネスがない非常時には，120 cm 以上のスリングとカラビナを使って簡易チェストハーネスを作ることができる（3.6.2 項参照）．

(3) スリング　確保支点やセルフビレイをとる場合に使用するナイロン製の丸ひもや平ひものこと．強度検定がついたものを登山用具店で購入し，ほつれないように末端を熱処理しておく．さまざまな長さのものをテグス結びなどでループにして，常に二重または四重の状態で荷重がかかるようにセットする．

(4) カラビナ　スリングとともに確保支点やセルフビレイをとる場合に使われる．ハーネスにいろいろなものをつり下げるのにも便利である．特に安全環付カラビナはハーネスに登攀器，下降器などを装着するときに使用する生命線である．片手で安全環を解除し，また確実に施錠できるように習熟する必要がある．UIAA（国際山岳連盟）により強度検定されたものを登山用具店で購入し，使用するべきである．

(5) 登攀器（登高器）　アッセンダーやユマールという名称で販売されている．2 つ 1 組で，荷重を交互にかけて，荷重のかかっていない方を上に擦り上げることでロープを登るものである．また，岩場の通過などで，1 つだけを用いて固定されたロープにセルフビレイをとるのにも使われる．スリングやあぶみなどのひもやテープの部分が弱っていないか，あるいはカムがさびついておらずスムーズに作動するかを事前に必ず確認する．

ロープを登る途中に，登攀器がロープを「かむ」ことはまれではない．

緊急脱出のため，下降器とプルージック用のスリングをすぐに出せるところに用意しておく．また，最悪の事態に備えて，ポケットナイフもすぐ取り出せるように身につけておくこと（首からぶら下げておくなど）が必要である．

(6) 確保器（ビレイデバイス）・下降器　エイト環，ATC，ディセンダーなど，構造の異なるものが各種ある．岩登りなどで相手を確保（ビレイ）するときや下降時に用いる．ロープとの摩擦で制動的に確保が行え，下降時には下降速度を調節する．木登りなどでは，ロープに登攀器でぶら下がった状態で，そのまま下降器に移る基礎練習を繰り返しておくことで，スムーズに下降体勢に入れるほか，緊急時の脱出にも使えるテクニックをマスターすることができる．

3.6.2 スリングを使った簡易チェストハーネスの作り方（図 3.14）

ハーネスがない非常時に，120 cm 以上のスリングとカラビナを使って簡易チェストハーネスを作ることができる．細いスリングは体に食い込んで痛いので，幅のあるものがよい．まずは左肩にスリングをかけて，右の脇の下から末端を出し，左肩の大きな輪になった方に通す．末端を下側に引いて締めてから，末端を交差部の下から手前側に通して上に出し，できた輪の中に末端を通して結ぶ．結びがゆるまないように締める．余った末端に安全環付カラビナを通し，ロープと連結する．

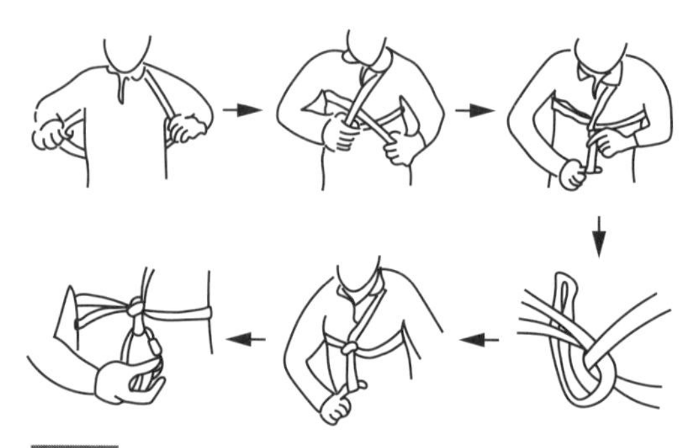

図 3.14 スリングを使った簡易チェストハーネスの作り方

3.6.3 各種の結び方

各種の結び方については，それを専門に扱った類書があるので，ここでは代表的なものだけ紹介する．なお，結び方の名称は，分野によって異なることもあるため，調査に際しては，メンバー間で確認しておくべきである．

(1) ノット　ロープ単体で結ぶ結び方である．

スクエア・ノット（本結び）（図3.15）　最も一般的な結び方で，包帯や三角巾に用いる．ロープの上下を間違えると縦結びになってしまい強度が低下する．

図 3.15 スクエア・ノット（本結び）

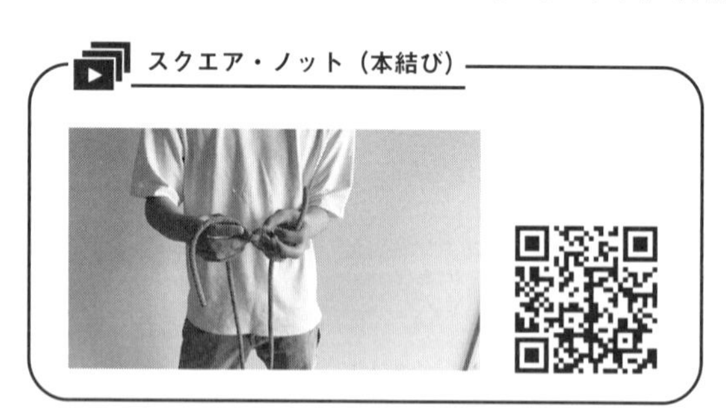

エイト・ノット（8 の字結び）（図 3.16）　結び方が簡単で強度も非常に高い．ハーネスとロープとの連結に使われる．ロープの末端の結束や，中間でループを作る際に強度が必要なときにも用いる．

図 3.16　エイト・ノット（8 の字結び）

エイト・ノット（8 の字結び）

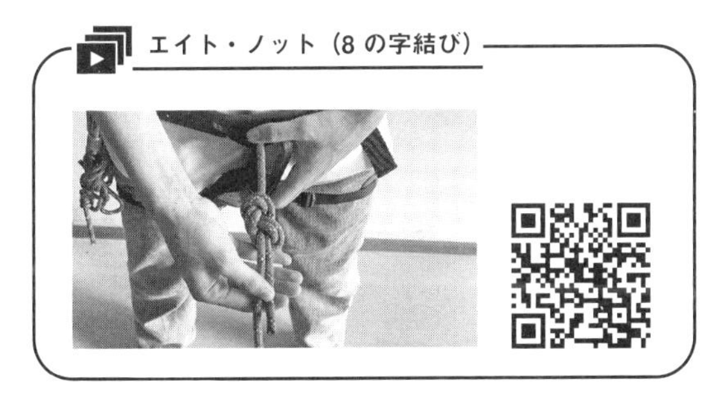

ボーライン・ノット（もやい結び）（図 3.17）　船舶・消防・登山などで利用する最も基本的な結び方．簡単で，輪の調節もしやすいが，ほどけやすいので必ず末端をフィッシャーマンズ・ベントで処理して強度をもたせる．

ボーライン・ノット（もやい結び）

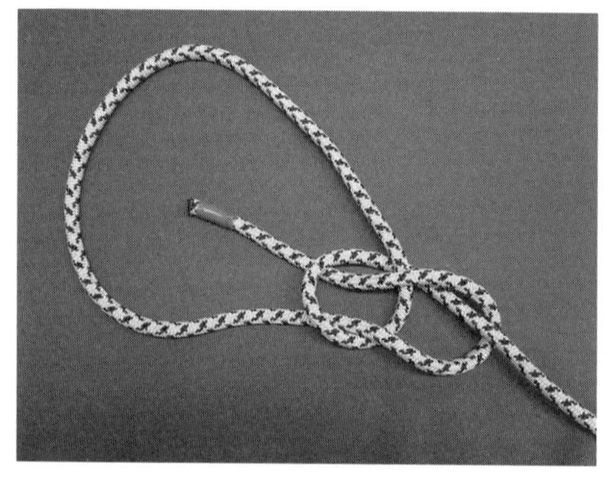

図 3.17　ボーライン・ノット（もやい結び）

フリクション・ノット（フリクション・ヒッチ）　細引き（丸ひも）をループ状にしたスリング（フリクションコード）をメインロープに絡めて，セルフビレイをとったり，ロープを引っ張ったりする場合に使用する．登攀器の代用にもなる．メインロープとフリクションコードの径の差が大きいほうが制動力は増すが，フリクションコードが細すぎると強度が低下する．メインロープが 8〜10 mm の場合はフリクションコードは 5〜6 mm が推奨される．プルージック・ノットやクレイムハイスト・ノットなどがある．

(2) ヒッチ　ロープをカラビナや木など，ほかの対象物に絡めて，その双方で機能を果たす結び方である．

クローブ・ヒッチ（巻き結び）（図 3.18）　岩登りや木登りで確保支点を作る際にカラビナと併用して使われる．簡単で強度は高い．

ムンター・ヒッチ（半マスト結び）　確保器や下降器の代わりになる結び方である．結んだあと，テンションをかけてロープが動かないものはクローブ・ヒッチ，動くものはムンター・ヒッチである．

図 3.18　クローブ・ヒッチ（巻き結び）

クローブ・ヒッチ（巻き結び）

ムンター・ヒッチ（半マスト結び）

トートライン・ヒッチ（自在結び）　結び目をスライドさせることで，ロープの張りが自由に調整できる結び方．

トートライン・ヒッチ（自在結び）

(3)　ベント　ロープとロープをつなぐ結び方である．

フィッシャーマンズ・ベント（テグス結び）・ダブルフィッシャーマンズ・ベント（二重テグス結び）（図 3.19）　ロープの末端同士や細引き（丸ひも）を結束して延長したり，スリングを作ったりする場合に使う．懸垂下降など強度が必要なときは，ダブルフィッシャーマンズ・ベントを使うべきである．

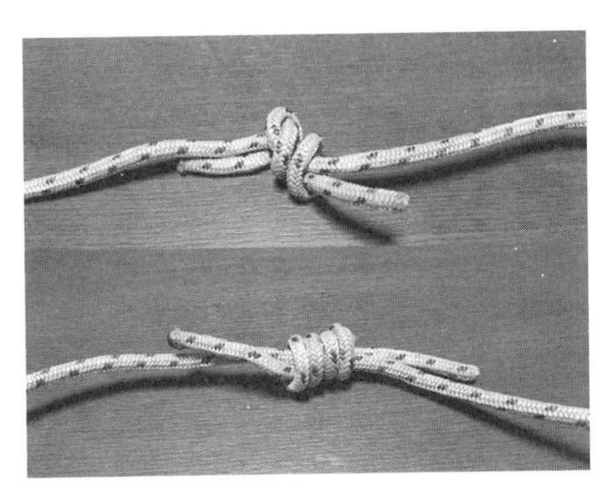

図 3.19　フィッシャーマンズ・ベント（テグス結び）（上）とダブルフィッシャーマンズ・ベント（二重テグス結び）（下）

4　ケース別安全管理

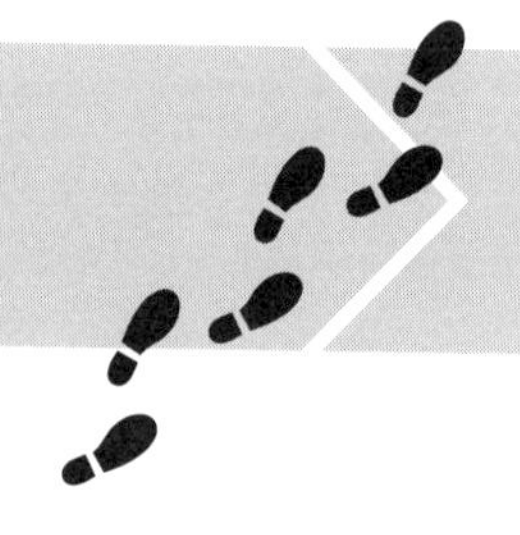

4.1　森林・草地での調査

調査地が斜面にある場合は，滑落防止のために足場を確保し，落石に注意する．雨が降ると滑りやすく，思わぬところで事故が起きる危険があるので，無理に調査を続行しない．また，ササが一面に茂っている場合は移動が困難であり，跳ね返ってきたササが目や鼻に突き刺さる危険性もある．また，ササの切り株を踏み抜くことや，転倒した先に鋭い株があり体に刺さることもある．目の保護には，眼鏡（アイウエア）を装着するとよい．枝などの跳ね返りによる紛失もありうるので，予備の眼鏡があるとなおよい．

草地での調査では，日陰が少ないため，炎天下でなくても意外に体力を消耗することがある．しっかり水分を補給し熱中症に十分留意する．落雷の危険性が特に高いので，天候の急な変化にも気をつけるべきである．移動を伴う調査の場合は，道に迷わないよう地形や目印となるものを確認する．通い慣れた調査地であっても，濃霧などにより周囲の地形がわからなくなり道に迷うこともある．そこで，地形がわからなくなっても戻れるように，GPS や方位磁石を必ず携行し，調査地だけではなくその周辺の地図も持参する．以下には，特に注意が必要なケースについて補足する．

4.1.1　マツ枯れ林，ナラ枯れ林での事故防止

マツ枯れは本州以南の里山林で広く発生しており，マツ枯れ林の調査中の事故はいつ発生してもおかしくない．マツノザイセンチュウに感染したマツは，樹皮が脱落して白骨化し，立ち枯れる．立ち枯れたマツはしだいに根の支持力を失い，強風などによって根返り，倒れる．倒木の心材は未分解であることが多く，比重と強度が高いまま倒れるので非常に危険である．また，幹の一部だけが腐食し，強風時に折れて，幹が丸ごと降ってくる場合もある．林業では，枯れマツの伐倒は最も危険な作業のひとつとされており，作業中の死亡事故も複数発生している．調査地内に枯れマツがある場合は，ヘルメットを必ず着用し，枯れマツには極力近づかない．特に強風の際には入林しないようにする．

ナラ枯れは，1980 年代以降，南東北以南のミズナラ・コナラが優占する林で多発し，被害は拡大している．ナラ枯れによって立ち枯れたコナラやミズナラは，枯死後 3～5 年程度で心材も含めてボロボロになるまで分解される．3 年目以降は，ほとんど風がない日でも林冠から枝が降ってくることがある．ナラ菌を運ぶカシノナガキクイムシは，幹の下部を攻撃するため，地下部の枯死が起こりやすく，傾斜地では複数本がまとめて根返り倒木するケースも多い．枯死木の伐採・除去作業は，樹木の分解が進んでいない被害翌年のうちに行うべきで，それ以降は危険度が増大する．調査も，当該林分が被害後何年たっているかを確認してから行うようにする．

4.2　雪山での調査

北海道・東北・北陸などでは，積雪期・残雪期にも毎木調査や動物行動調査など雪上調査が頻繁に行われている．雪上での行動は，雪崩や雪庇の踏み抜き，滑落など危険性が高いので，細心の注意を払って調査に望まなければならない．

4.2.1 悪天・ホワイトアウト

冬季に現れやすい典型的な気圧配置が冬型である．西に勢力の強い高気圧があり，東に発達した低気圧がある西高東低の気圧配置である．このとき日本海側の山では雪が降るが，冬型が強まり，寒気が強い場合には，暴風雪になる．太平洋側の山でも雪になることがある．冬山での遭難事故のほとんどは，悪天候のときに起きており，転滑落，道迷い，低体温症，凍傷，雪崩など，さまざまなリスクに遭遇する可能性が格段に高くなる．

悪天候時には，暴風雪，地吹雪，濃霧で足元まで真っ白になり，ほとんど身動きできなくなるホワイトアウトという視界不良の状況に陥ることがある．雪山以外でも，スキー場のゲレンデや，雪国の街中のほか，夏山でも濃霧などで起きることがあり，ホワイトアウトに遭うと，方向感覚，平衡感覚，距離感が狂い，まっすぐに歩けなくなる．トレースもすぐに消えてしまうため，リングワンダリングのリスクが高くなる．そのようなときは，焦らず，急がないことである．視界不良時には地形図，コンパス，GPS が頼りになる．引き返すことを想定し，旗竿やカラーテープなどで目印をつけながら歩くという方法もある．また，しばらく待つと，視界が回復する場合もある．回復しない場合は，ビバークも想定し，体力を残しておくことが重要である．このような状況に備えて，雪山では寒冷に耐えることのできるウエアを着用し，ツェルトや火器などのビバーク装備を携帯するべきである．

調査の 1 週間前から天気予報を確認し，調査当日に天気が悪くなるようだったら，計画を延期するのが賢明である．調査中も天気の変化には十分に注意を払い，悪化しそうなときは無理せず計画の変更を決断するべきである．低気圧の接近時など一時的に天候が回復する疑似好天もあるので，長期の調査では天気図の確認が必要不可欠である．

4.2.2 滑落

氷化した雪の斜面では滑落の危険が高い．そのような状況では，クランポン（アイゼン）を登山靴に装着し，ピッケルをもって歩く必要がある．クランポンを装着しての歩行では，両足を肩幅程度に開き，間隔（スタンス）を空けて，クランポンの爪が雪面に均等に刺さるように着地する．しかし不注意や疲労などで片足のクランポンの爪を反対側の足に引っかけてバランスを崩し，滑落に至ることがある．また，雪面から露出した岩や枝でのスリップや引っかけ，雪庇の踏み抜きなどで滑落に至る場合もある．

バランスを崩してしまったら，瞬時にピッケルの石突きやピックを雪面に刺して，滑落に至らないようにする．運悪く滑落が始まってしまったら，滑落停止の動作をしなければならない．ピッケルのヘッドをもっている側に反転し，ピックを雪面に刺して滑落を止める．スピードが出てしまうと，この動作で滑落を止めるのは困難になるので，反射的にこの動作ができるように，しっかり練習しておく必要がある（5.4 節（2）参照）．

冬山では強風に煽られてバランスを崩すこともある．そのようなときは，ピッケルを風上の雪面に刺して体を安定させる耐風姿勢をとり，風がおさまるのを待つ．また，湿雪のときなどに，クランポンの爪の間に雪が詰まり団子状になることがある，こうなってしまうと，クランポンの爪が雪面に刺さらず，本来の機能を発揮できなくなる．こうした状況では，ピッケルのピックでクランポンの間に固着した雪を払い落とすことが重要である．これを怠ると，滑落の危険性が増す．

4.2.3 日焼け・雪目

雪面は紫外線を反射させる．そのため晴れた日のスキー場や雪山では，太陽から降り注ぐ量の約 2 倍の紫外線を浴びることになり，酷い日焼けをしたり，雪目になることがある．雪目の症状は，目の充血，ゴロゴロとした異物感，光を異様にまぶしく感じる，目がかすむ，涙が出る，目が痛くて開けられない，などである．強い紫外線を浴びてから 6～8 時間後にこれらの症状が出て，重症化すると手術が必要になる．軽症の雪目であれば，通常 2～3 日で治る．調査中であれば，日焼けも雪目もかなりのストレスになり，調査の続行ができないこともある．大切なのは，肌の露出部分には日焼け止めを塗り，帽子を被り，ゴーグルやサングラスを装着するといった予防である．

4.2.4　雪崩

斜面に雪が積もれば，どこでも雪崩の可能性はある．ごく小規模であっても，埋没すれば窒息死する可能性がある．雪の性質をよく知り，雪崩の可能性を予測して回避する．また，雪崩に巻き込まれたときの対策も，あらかじめ知っておくとよい．

(1)　雪崩の分類　雪崩の発生形態は多様であり，雪が動き出す条件も，雪崩が引き起こす結果もさまざまである．雪崩のタイプに応じた対策を講じる必要がある．

(a)　面発生表層雪崩　強度の弱い面（弱層）が積雪中にあり，その面より上の雪が板状の性質を帯びたスラブとなり滑り落ちるもの．表面上は何の兆候もなく，斜面に踏み込んだ刺激で急速に弱層の破壊が広がり，広範囲の雪が動き出し，斜面の雪を取り込みながら高速で流れる．しばしば爆風を伴う．弱層が形成された上に多量の新雪が積もると，自然発生することもある．

(b)　点発生表層雪崩　積雪が自然に崩れ落ちる臨界角度（安息角）より急な斜面で最初に崩れ，周囲の雪を取り込みながら流れるもの．低温，弱風時に積もった新雪やあられが雪崩を起こす場合と，降雪直後に日射で雪がゆるむか，気温の上昇または雨で雪が水分を含む場合に起こりやすい．急斜面や，岸壁に垂直にのびるロート状の溝（ルンゼ）内部は，よく雪崩の通路となる．単独で発生した場合の規模は小さいが，いくつかのルンゼが合流する場所や，谷が狭くなった場所では危険が高まる．

(c) 全層雪崩　地面までの積雪全体が崩れ落ちるもので，春先に気温が上がったときに発生する，湿雪全層雪崩が大半である．ゆっくりと滑り始めるので，発生前に積雪に割れ目が入り，その下方にしわができるなどの前兆現象があることが多い．湿雪全層雪崩に限っては，気温が低く融雪が止まる夜間・早朝は，比較的安全だといえる．ただし，比較的まれだが，ササの斜面では，気温が低い，雪が乾いているときに発生する場合（乾雪全層雪崩）もある．

(2) 雪崩の起きやすい条件

(a) 降雪中　新雪は雪粒同士がバラバラで機械的強度が弱い．急斜面では，積雪がある程度たまると自重で落ち，表層雪崩となる．いったん雪崩が発生すると，周囲の雪を巻き込みながら流れ，低温下では空気も取り込み，規模と速度を増す．

(b) 弱層が形成された場合　積雪は，時間がたつにつれて雪粒同士が結合し，丈夫になることが多い．しかし，特定の条件下では，積雪内部に非常にもろい層（弱層）ができる．わずかな刺激でもこの弱層が壊れると，弱層下の硬い雪がすべり面となって面発生表層雪崩が発生しやすくなる．

弱層ができた後に降雪があって初めて雪崩が起きやすい状態になるが，そのときには弱層は表面からは見えなくなっている．弱層を作るものには，以下の 5 つがある．

しもざらめ雪・こしもざらめ雪　雪温が 0°C 以下で，積雪中の温度勾配変化が大きいときに，積雪内の温度の高いところから昇華蒸発した水蒸気が，冷たい雪粒子に昇華凝結する再結晶化により形成される．この再結晶化により雪粒子は徐々に角張りながら大きくなり，中空のコップ状になったものをしもざらめ雪，その途中にあるものをこしもざらめ雪とよぶ．雪の結合が弱くなり，もろい性質をもつため弱層となり，雪崩の危険が増す．

表面霜　晴れた夜で湿度が高いと，積雪表面で霜が成長することで表面霜が，一夜で形成される．霜の結晶同士のつながりが弱く，この上に雪が積もると，弱層となる．

きれいな結晶の雪　雲粒がついておらず，壊れていないきれいな結晶の雪は，雪粒同士が結合しにくく，積雪下に埋もれた後もしばらく弱層としてふるまう．

あられ　あられの粒自体は硬いが，粒同士がくっつきにくく，あられの層は長時間弱層となる．寒冷前線に伴って降ることが多い．

濡れざらめ雪　強い日射，大きな気温上昇，雨などにより，積雪が多量の水分を含んで球形の雪粒となり，互いに独立して結合が弱い「濡れざらめ雪」となる．その上に新雪が積もると，新雪の断熱効果で結合しない状態が続き，雪崩の起きやすい状態がしばらく続く．

このような弱層は時間がたつと解消するが，それに必要な時間は気象条件などによって異なり，一般化は困難である．

(c)　雪が水分を含む場合　水分を多く含む雪は，雪粒が球状になって結合が弱くなり，流動性が高くなる．強い日射，気温上昇，雨によって生じる，雪粒のすき間が水で満たされている状態（スラッシュという）では，ゆるやかな斜面でも点発生表層雪崩（スラッシュ雪崩）が発生することがあり，雪だけの雪崩よりも遠くまで流れる．春先，日本海で低気圧が発達すると，気温が急激に上昇し，雨や雪が降らなくても，雪が水分を含んで点発生表層雪崩が起こりやすくなる．また，融雪水や雨が地表面まで浸透し，全層雪崩が発生する．

(3)　雪崩が起こりやすいかどうかの判断　真新しい雪崩の跡があれば，それは雪崩が起こりやすいことを示す明確な証拠である．ほかに重要なサインとなるのは，ワッフ音とシューティング・クラックである．ワッフ音とは，移動中に積雪内部から聞こえる「ウォンフ」といった音のことであり，弱層が壊れたことを示し，面発生表層雪崩が起こりやすい状態であることを示す重要なサインである．シューティング・クラックは，歩いている最中に足元から前方に向かって突然生じるクラックのことであり，これも面発生表層雪崩が起こりやすい状態であることを示している．

これらの証拠がなくても雪崩は起こりうる．そのため積雪内部に弱層が存在するかどうかを調べることも必要となる．少し時間と労力がかかるが，弱層テストを行う．一般的なのはコンプレッションテストである．表面が 30 cm × 30 cm の四角柱を掘り出し，上にショベルを載せて手でたたくことで脆弱な層を破壊し，その強度と破壊の伝播性を確認する．たたいた回数よりも，破壊の特徴がより重要であり，四角柱がきれいに破断し，雪柱が前に飛び出すのは危険な状態である．

積雪の状態は，斜面全体で均質とは限らない．雪崩の起こりそうな斜面に踏み込むときは，その都度テストをすることが望ましい．

(4) ルート判断　雪山の中では，雪崩の危険をゼロにすることはできない．人にできるのは，より安全性の高いルートを選び，危険な場所での行動を最小限にすることだけである．

樹林の中で，樹木のない凹状（ルンゼ状）斜面があれば，雪崩の常習地の可能性が高い．一見歩きやすそうに見えても迂回するべきである．太い木があっても，予想を超える大きな雪崩が発生する可能性はある．特に新雪による表層雪崩は起きても不思議はない．上方の地形を常に頭において行動したい．

樹林帯より上の，疎林や樹木のない斜面では，地形の凸凹に注意する．谷地形の部分には雪崩が集中しやすい．吹雪などで視界がきかないときは，特に上方からの崩壊音に注意したい．

尾根を歩くときは，まず雪庇に乗らないように注意すべきだが，どこまでが雪庇なのか，たとえ夏の地形を熟知していたとしても判断は難しい．足跡は，安全かどうかの判断基準にはならない．雪の状態は刻々と変化するので，1 人目は落ちなくても，2 人目が通るときに落ちることがあるためである．少しでも雪庇の疑いがあるなら，避けるか，短時間に通過すべきで，決して休憩場所にしてはいけない．

危険個所がどうしても避けられない場合は，弱層テストを行い，危険なときにはそれ以上進まない．比較的安全と判断されるときでも，通過するときは安全地帯までのルートを確認し，1 人ずつ通過する．待っている人は通過中の人に注意を払い，万一雪崩が起きた場合に，すぐに探せるようにする．また，斜面上方にも注意し，雪崩が発生した場合には，すぐに通過中の人に知らせる．

(5) 救出　雪崩に巻き込まれた場合，雪崩が停止すると同時に雪が締まり始めるので，意識があっても自力では脱出できなくなる．そのままだと窒息・圧死するか，低体温症によって死亡する．手で口元を覆い呼吸の空間が確保できれば，多少耐えられる時間が延びる．一般に，埋まってから15分を過ぎると生存率は急激に低下するので，安全を確認したうえで，雪崩に巻き込まれなかった同行者または付近に居合わせた者が救助を行う．ただし，同じ場所で再度雪崩が発生して二重遭難を起こす事例も多いので，周辺の雪の動きを常に監視する．

救助には雪山の3種の神器ともよばれる雪崩ビーコン，プローブ，スコップが必要である．埋没地点を素早く探すためには，雪崩ビーコンが最も効率的である．各自1台ずつ携行し，行動中はスイッチを入れた状態にする．調査前に探索時の使い方を確認しておきたい．雪崩のデブリの範囲から，遭難者の埋没している可能性が高い場所を絞り込み，プローブを雪に刺して位置を特定する．それからスコップを使って遭難者を掘り出す．

遭難者を掘り出した場合，意識がなければ即座に蘇生法を試みる．掘り出された者が自力で下山できる率は高くないので，ヘリコプター搬送など外部からの救援を念頭に置いて緊急連絡と搬送を試みる．

また，雪による埋没を避ける高価な雪崩対策エアバッグが販売されている．しかし，雪崩発生時にエアバックを作動できなかった死亡事故もあり，過信は禁物である．

4.3 木登りと林冠調査

木登り調査には，高さ数mの木に脚立や一本ばしごで登るケースから，熱帯雨林の50mを超える突出木に登るケースまで，また，ロープ登りからツリータワー，クレーン，飛行船を使う場合まで，その方法には幅がある．しかし，共通して忘れてはならないのは，日常的に高所作業をやっていない人にとって，怖い／怖くないという心理的な安心と，危ない／危なくないという物理的な安全が，しばしばかけ離れているということである．ツリータワー，クレーン，飛行船などの装置を使用する場合には安心感があるが，実はロープでしっかりと確保されている場合のほうが安全性は高いこともある．高いところへ行ったら，怖くなくとも落ちないように確保する（ビレイをとる）．十分な確保をとったなら，むやみに怖がらずに行動すべきである．

4.3.1 装備

ロープワークの項目で紹介したロープ，ハーネス，スリング，カラビナ，登攀器，下降器などの装備を使用する（3.6.1 項参照）．

4.3.2 木登りの注意点

木に登るときには，樹上にロープをかけて確保点を作る．一本ばしごなどを登るときにも，はしごと独立にロープをかける．

確保点をとるためには，重りをつけたひもを，十分な太さの枝（10 cm 径以上で，生きた葉が先についているもの）にひっかけて，それを登攀用のロープに置き換える．枝が低い場合には，重りを投げ上げてもよい．10 m 程度では，パチンコ（スリングショット）で重りのついたひもを打ち上げる．20～30 m ではパチンコで釣り用のテグスの先につけた重りを飛ばし，リールでテグスを繰り出す．30 m 以上ではパチンコの代わりにボーガンを使い，ボーガンの矢に基部にテグスをつける，などの工夫をする．なお，2022 年 3 月 15 日からボーガン（クロスボウ）の所持が原則禁止され，許可制が導入されている．所持許可を受けるためには申請を行い，所定の審査を受ける必要がある．

高い木に登る場合には，2 カ所の確保点を設けて，ダブルロープで確保する．2 本とも登攀器で体に固定するやり方と，1 本には登攀器をつけて，ほかの 1 本にはエイト環をつけて，ともに体に固定しておくやり方がある．またそれほど木は高くなく，1 本のロープで登るときにも，下枝まで達したら，スリングなどで別の枝から確保をとる．支点の枝が折れることはよくあるので，1 本のロープや 1 本の枝に命をかける時間をできるだけ短縮する工夫をする．一本ばしごも，ロープで登攀するのに足掛かりがあるという程度に考えたほうがよい．登攀の途中で休憩するときも，樹上の作業中も，スリングを用いて適切な枝などで随時確保をとることが必要である．

熱帯雨林の樹上には，毒ヘビやハチ，ムカデなどの有毒動物がいる場合がある．特に大型の着生植物の中にはヘビやムカデが潜んでいるので，十分に注意したい．東南アジアでは，オオタニワタリの枯れ葉の中に，ヤミスズメバチが営巣していることがある．

4.3.3　下降の際の注意点

まず下降器を正しく装着してから，次にスリングなどの確保をはずし，最後に登攀器をはずすのが正しい．しかし，荷重の移動がスムーズにできない初心者には，うまく登攀器がはずせないというトラブルが生じる場合がある．その場合には，下降器を正しく装着した後，次に登攀器をはずし，最後にスリングをはずす，あるいは登攀器やスリングを樹上に放置したまま下降する，さらにはスリングをナイフで切るというケースが生じる場合がある．登攀器がどうしてもはずれない場合には，登攀器を結んでいるひもをナイフで切って脱出するという最後の手段をとる．いずれにしろ，ナイフの使用は生命線となるロープを傷つけるリスクを大幅に高めるために最後まで控えるべきであるが，万が一の場合のためにナイフを肌身離さず携行していることは絶対に必要である．また，非常の場合に下から必要なものを揚げるために，下まで届くだけの長さの細引きを常に携行しておく必要がある．

4.4 洞窟での調査

洞窟での調査はリスクが大きいので，単独調査は決して行わない．できる限り 3 人以上で調査にあたることが望ましい．洞窟内は暗く，懐中電灯などの光がないと，目を開けても閉じても何も変化がないほどの暗さである．また，ライトの光では，見通しもききにくい．暗所でかつ閉所なので心理的な恐怖もあり，判断能力が低下する（過度に臆病になったり，自信過剰になったりする）場合が多い．

4.4.1 装備

ライトは最低 3 つ携行する．メインのライトが消えてもすぐに取り出せるところに，予備のライトを 1 個用意しておく．ライトにはひもを付け，真っ暗闇の中で手から落としても回収できるようにしておく．予備の電池も必ず準備する．ライトが消え，真っ暗闇でライトを探すのは，予想以上に困難であるし，暗黒下で，ザックを背中から下ろすなど大きく動くと，バランス感覚を失う可能性がある．

足元が非常に悪いことに加え，狭い場所を通過することが多いので，ヘルメット，つなぎ，下着類，保護パッドなどを着用し，十分に体表面を保護する．また，裂傷・擦過傷を負う危険は大きいので，救急キットを持参する．無菌ガーゼ（三角巾），テーピングテープは必携である．出血が激しくない場合には，傷口を清浄な水で洗浄した後，ワセリンを塗布した食品用ラップで広範に傷口を覆うと傷の回復が早く，また鎮痛の効果も大きい．また，洞内は湿度が高い場合も多く，服がぬれることによる体温低下を招きがちであるため，体温維持にも注意する．

4.4.2 入洞の際の注意点

洞窟は出入り口が限られており，何か問題が生じた場合のエスケープルートを設定しにくいことに留意し，調査計画を立案する．大雨のために洞口から多量の雨水・泥が流入してきた場合には，脱出ができなくなり，長期的に洞窟内に閉じこめられる事故につながる．雨が予想される場合は，入洞を控えたほうがよい．洞内での潜水は，開放水面下での潜水以上にリスクが高い．洞内潜水の経験が豊富なケイビング団体などで講習を受けたうえで，さらに経験者が同行できる場合以外は行うべきではない．

一部の火山地域では，火山ガスや二酸化炭素の噴出が見られ，それらのガスが洞窟内に滞留している場合がある．そのような洞窟への入洞は非常に危険である．事前にその地域の洞窟の情報を十分に集め，必要があれば十分な準備と体制で調査を行うようにする．

4.4.3　緊急時の連絡およびけが人の搬出

洞窟内から外部への連絡には，無線・携帯電話は使用できない．よって，救助を要請しなければならない事故があっても，洞口付近まで移動してから連絡をとる必要がある．そのため，救助要請に時間がかかる．また，連絡を急いでとろうとして洞内で走ったりすることは，別の事故を招きかねないので，慎重に行動する．けが人の搬出には，狭い洞内でのロープワークなど通常の山岳事故以上に技術的な困難が伴う．事前にケイビング団体などと交流し，事故の際に救助を要請できる体制を作っておくことが望ましい．

4.5　渓谷・河川での調査

沢沿いに登山道がある場合を除くと，沢を登降するのは難しい．渡渉，岩登り，やぶこぎ，ロープワーク，地図読み，天気予測，ビバークなど多様な技術が必要とされるのが渓流というフィールドである．初心者は必ず経験者に同行してもらい，一通りの技術を身につけてから調査に望むようにしたい．

ヘルメットの装着は当然として，必要に応じてウエットスーツやライフジャケットの装着も検討する．ウェーダーは深みに陥った際に水が浸入して危険であるため，沢では使用してはいけない（事例1.2参照）．ぬれまいとするよりも，積極的に水に入ったほうがはるかに安全である．足回りにはフェルト底の足袋や沢登り用のシューズなど専用の靴が必要である．雨で増水すれば，普段は易しい沢でも非常に危険になるので，変化の激しい場所にいることを認識し，慎重に対処したい．

4.5.1 増水

通常の水量なら安全に行動できる場所でも，少しの増水で危険になる個所は多い．渓流における事故には，このような増水時の渡渉失敗によるものが多い．雷雨のように，短時間に多量の雨が降る場合は，渓流はきわめて短い時間で急激に増水する．あっという間に身動きがとれなくなるので，調査中に強い雨が降り出した場合は，意識的に早めに撤収するのがよい．雨量が特に多い場合は，鉄砲水，土石流にも警戒する．増水の量・速さは，源流の地形・植生の状態によって大きく違うので，自分が入る沢の特性をあらかじめよく理解しておき，早めに安全な場所に移動する．

予測が難しいのは，山頂付近だけで雨が降っているような場合である．自分のいる場所が晴れていても，河川にわずかな濁りが混じる状態（笹(ささ)濁り）になった際は，急激に増水する可能性が高いので注意する．上流側の広がりと地形・天気図を頭において，異常を早く察知するように気をつける．ダムや貯水池の下流側で調査を行うときは，放水の際のサイレンなどにも十分注意する．沢にいると，見える空が狭いので，観天望気による悪天予測は遅れがちになる．沢での行動が長い場合は，素早く避難できる場所を地図や遡行図であらかじめ調べておく．

なお，主な河川については，水位や流域の地点の降水量，警報・注意報などが国土交通省や地方自治体のホームページで随時提供されている．アメダスのデータとあわせて，数日間の降雨状況を調べておくと，増水の予想ができる場合もある．上流での降雨の把握は，中・下流域での増水を予測するのに役立つ．

4.5.2　滑落・転落

沢では，岩を登ったり，川岸の岸壁づたいに移動（へつる）したりする必要がある．岩登りと違い，岩がぬれていることが多く，水あかもついて滑りやすい．滑落した場合はそのまま長距離流されることも多いので，行動は慎重にし，滑りにくい姿勢・体重移動を心がける．飛び石で川を渡る場合には，滑りやすい石を見分けて避ける．流されて水の渦に捕まったときは，下手に水中でもがくよりも，いったん潜水して水底を蹴って浮かび上がる．

滑落が致命的になるような場所ではロープを使用する．ロープを使った安全確保技術については，岩登りのゲレンデなどで事前にトレーニングしておく．

滝が直登できない場合は，左右の川岸の斜面を登る（高巻く）ことになる．滝の横は，湿った泥の斜面上に草本や低木が乗った不安定な急斜面（「草つき」とよばれる）であることが多い．草つきでの滑落事故は，滝でのそれと同じくらい多い．ロックハンマーや前の登山者が残していった固定ロープなど使えそうなものは，安全確認後，積極的に使って危険を最小化する．高巻きの後に沢床に戻る場合は，懸垂下降するのが普通である．これもゲレンデで訓練しておく．

4.5.3　渡渉（徒渉）

河川を横断することを渡渉という．渡渉は流れに逆らわず，大きい岩石の下流側など，流れの弱い場所を利用して，できるだけ安全に済ませる．瀬の石は水あかで滑りやすいことがあり，転倒しないように，すり足で進む．流木やストックを杖にしてバランスを保つのもよい．水深が腰を超えると体が浮き，ゆるやかな流れでも流されやすい．ザックを背負っているときは，胸まで水がくればザックの浮力で泳がざるを得なくなる（背中だけ浮くので，泳ぎにくい）．危険を感じたら渡渉にこだわらず，高巻き（遠回り）などの別の手段を考える．

先頭を歩く者が渡渉する際に，ロープで確保をとるときは，必ず，渡渉する者の下流側に離れて確保支点をとる．上流側で確保すると，流された渡渉者が川の流れとロープのテンションのために溺れてしまうことがある．

4.5.4 雪渓・スノーブリッジ

残雪が遅くまで残る沢では，夏から秋には，雪が氷に近い状態になっていて，気温が上がる日中にはく離・崩落することがある．雪渓付近を通過するときには十分に注意する．また，雪渓の崩落・融解は，雨で促進されるので，雪渓の下流の沢では増水に特に注意する．

スノーブリッジの通過は，中をくぐる場合と，上に乗って歩く場合があるが，どちらも同じくらい危ない．崩落に伴う死亡事故が非常に多い．高巻くことができれば，時間はかかっても危険はずっと少ない．

4.6 海洋・水辺の調査

4.6.1 徒歩による調査

(1) 装備　ライフジャケットは，海洋・湖沼での事故時の生命線であり，購入や装着は慎重に行う．緊急時に十分な浮力を得られるライフジャケットの設計浮力は，着用者の体重の 10 分の 1 を超えている必要があると，シーカヤッキングでは言われている．洋服の上から装着する際には，服が水を吸うことなども考慮して 8 kg 以上の浮力が望ましい（成年男子の標準的体形の場合）．ヨット用ジャケットなどでは波浪を考慮して 15 kg 以上の浮力のものも登場してきている．一方，量販店で販売されている廉価なものの一部や船に備え付けのものの一部には，十分な浮力を有しないものもあるので注意する．また，ガスボンベで膨らませるタイプのライフジャケットは，飛行機での移動の際に携行できないので十分に注意する．

水温が暖かい時期・場所で水にぬれる調査を行う場合は，ぬれることを前提とした服装（即乾性のジャージーなど，全身タイプの水着，ウエットスーツ）が必要になる．ただし，着衣のまま泳ぐのは難しいので，事前に着衣水泳の訓練を受けておくことが望ましい．また，日焼け予防や，岩や危険生物（前述）によるけがを防止するため，暑い時期であってもなるべく肌を露出しない服装がよい．

転石帯や岩礁は，特に藻類が付着していると，非常に滑りやすい．履物は，ソールがフェルト仕様の釣り用長靴やアユ足袋が滑りにくくて良い．スパイク付長靴や地下足袋は，踏みつけにより潮間帯生物に与える影響が大きいので，なるべく使わないほうがよい．岩礁は鋭利な岩やフジツボ・カキなどの固着生物などでけがをしやすいため，手袋（軍手など）を着用する．サンダルは，かかとが固定のタイプであっても勧められない．

深みに落ちる危険のある磯では，溺水の可能性が高まるので，ウェーダーは着用しないほうがよい（事例 1.2 参照）．深みを渡る必要のあるときは，ぬれてもよいウエットスーツ，ドライスーツなどを着用するか，どうしてもウェーダーを着用しなければならない場合にはライフジャケットを併用する．

(2) 潮位　潮間帯では潮汐の変化に十分注意する．調査地で安全に作業できる潮位を事前に把握しておく．調査にあたっては潮汐表で当日の潮位を確認する．なお，潮汐表は予測潮位を示している．実際の潮位（実測潮位）は，天候（高気圧や低気圧の接近時，強風時）によって，予測潮位とは大幅に異なることもある．特に平磯や干潟などで調査点が沖合にある場合には，調査後に陸地に戻るまでの時間に十分な余裕をみて行動する．

(3) 熱中症・日焼けなどへの対策　夏の海（特に磯）では照り返しのため日射，温度とも周辺より高くなるので注意する．帽子・肌を露出しない服の着用，日焼け止めクリームなどの塗布，こまめな水分の補給と適宜な塩分（スポーツ飲料や塩タブレット）の補給などに努める．紫外線は白内障の危険因子なので，アイウエア（サングラス）を着用するとよい．日なたでの調査で疲れを感じたときは無理をせず，日陰や建物内で休む.

日焼けによる炎症を防ぐためには日焼け止めが有効である．しかし，日焼け止めが皮膚に合わないと，何も塗らないときよりもひどい炎症を起こす場合がある．調査に出る前に，手の甲などで日焼け止めを試用するとよい.

(4)　高波　岩礁では特に波に注意する．調査前に気象情報により波の高さを必ず確認する（前述）．特にリーフの内側の岩礁や干潟の場合には，高潮時と低潮時で波当たりの程度が異なる場合がある．比較的穏やかな場所でも20～30分に1回は予想外の大きな波がくることもある．また，船舶の航行に伴う波も非常に大きいことがある．大きな波は連続することが多いので，一度大きな波をやり過ごした後でも2波，3波を予測して警戒を解いてはならない．波当たりの非常に強い場所での調査では，命綱が必要な場合もある．こうした調査地では単独では調査しない.

(5)　泥地　含泥率の高い泥干潟では埋まって足が抜けなくなる場合がある．干潟の含泥率について情報を事前に入手し，ぬかるみが著しい干潟では，使用に慣れが必要ではあるがガタスキー（有明海で使われるそりのような道具）などを用意するとよい．調査中にぬかるみにはまって動けなくなった場合は，ひざをつけ接地面積を増やし体重を分散させると，抜けやすくなる．胴長の長靴部分が足より大きいと，埋まったときに抜けにくいので，冬山用の厚手の靴下を重ね履きしてから胴長を履くと，足と長靴の密着性が高まって歩きやすく，埋まっても抜けやすい．地下足袋・田植え足袋・ダイビングブーツなども歩きやすい．また埋まりやすい干潟では，たらいやバットに体重をかけて滑らせながら歩くと，楽に歩ける.

(6)　人工海岸　人の手が大きく加えられた海岸では，堤防が途切れる場合や，コンクリートが老朽化して危険な場合もある．調査の前にあらかじめルートを確認しておくとより安全である．表面が滑らかなコンクリートは，微小藻類が繁茂すると非常に滑りやすい．転倒によるけがの危険だけでなく，消波ブロックの間に落下すると，上がることができず溺水する危険もあるので，特に注意が必要である．また波の強い場所の堤防では，人が波にさらわれる事故もしばしば起きるので注意する．

(7) 夜間の調査　太平洋岸の潮間帯では，10〜3 月の大潮の最大干潮は夜中なので，調査も夜間になる．新たな調査地に夜間に初めて行くような計画は立てないこと．春から夏に調査を開始できるような計画にするか，あるいは昼に潮が引くときに入念な下見を行うとよい．

(8) 崖崩れや落石　調査・観察場所とその周辺の地形については，地形図などであらかじめ調べておく．岩礁潮間帯の近辺には崖があることが多い．調査中は崖の下にはできるだけ近寄らない．通り道の上が崖ならば，立ち止まらず素早く通り抜ける．調査個所が崖の下である場合は，調査中は海側だけでなく，崖側の変化にも注意する．大雨や台風の後などは特に崖崩れが起きやすいので，当日の天候が良くても，このような場所での調査は控えるべきである．崖から水が染み出しているような場所，新しく崩れたと思われる岩や転石が目立つ場所では，崖崩れが起こる可能性が高いので特に注意する．

(9) 津波　地震が生じた場合は，崖崩れおよび津波の危険がある．自治体の防災無線が聞けない場所の調査では，なるべくラジオなどを携行するのが望ましい．体に強く感じる地震が発生した場合は，周辺の地形の変化に注意しながら安全な場所に一度引き返し，津波情報をいち早く確認し，必要に応じて避難すること．

地震が揺れを感じないほど遠方で起こった場合でも，津波が到達する場合がある．南米での地震による津波の例がある．東日本大震災は記憶に新しいところであるが，北海道の太平洋側で生じた地震による津波が小笠原諸島などに影響を及ぼすことは少なくない．2004 年のスマトラ島沖地震が引き起こした津波による大きな被害の例からもわかる通り，特に離島部での調査などでは，十分な注意が必要である．

4.6.2 スノーケリングによる調査

ライセンスが不要なので，スキューバ潜水より気軽に行うことができる．しかし，法令や規則が整っていないので，自己責任による安全管理がより一層求められる．初心者が単独，あるいは初心者同士で調査を行ってはいけない．熟練した調査者に帯同を求めること．できれば潜水士免許やスキューバ潜水の民間団体が発行するCカードを取得していることが望ましい（後述）．

(1) 装備　習熟者であっても，初めての調査海域の場合は，その環境条件（気象・海象条件，地形，エントリー・エグジットポイント，危険生物など）について事前に十分な情報を得るか，あるいは現地を習熟している人と作業する．岩や危険生物によるけがを回避するためウエットスーツなどを必ず着用し，肌の露出を避ける．

調査前および調査後の体調管理に十分留意する．特にのど・鼻・耳が不調のときは調査をしない．入水後に体調の不安を感じた場合は，無理をせず調査を中断する．また，調査後は速やかに着替えるようにする．

調査機材は，ストラップやカラビナで体に付着させることにより水中で紛失しないような工夫をすることが望ましい．手でもっていくだけでは，調査中に置き忘れなどにより紛失することがある．ただし，調査機材を体につけると，足手まといになってうまく泳げなくなることがあるので，携帯方法についてはあらかじめ十分に検討する．

(2) 調査体制　スノーケリングであっても，2名以上でお互いに相手の安全を確認し合うバディ体制による調査が強く望まれる．また，2人以上の集団で調査するときには，リーダーを明確に設定することも安全対策上重要である．スノーケリング調査に研究指導者が学生を同行させる場合には，安全な海域などで，学生のスノーケリングのスキルを事前に把握し，技術が未熟な者を帯同してはならない．

(3) 緊急時の対処法　調査同行者が溺れる，あるいはパニックを起こした場合は，浮輪，救命胴衣，クーラーボックス，空のペットボトルなど浮くものを溺れている人の近くに投げ，救助する．距離が近い場合は，オールや釣り竿などに掴まらせてもよい．泳いで接近すると，しがみつかれて自分が危険になるので，基本的には接近しない．溺れた人に向けて投げる，浮力の高い専用のロープ（スローロープ）が市販されているので，携帯すべきである．救出法，救急救命法について講習を受け，習熟しておくことが望ましい（3.3 節参照）．

調査途中でバディとはぐれる可能性は決して低くない．あらかじめ定めた集合地点に上がって待機するなど，はぐれた場合の対処方法を決めておいたほうがよい．また，離岸流（リップカレント）で沖に流されたときは，流れに逆らわず海岸線に平行に移動して，離岸流がない場所から接岸・上陸する．

河口に近い場所や砂泥底の調査では，大雨による増水や波による攪乱によって透明度が極端に低下する場合がある．初心者は視野を確保できないと特にパニックを起こしやすいので，リーダーは調査の可否の判断を慎重に行う必要がある．

4.6.3　スキューバ潜水による調査

研究調査におけるスキューバ潜水は，レジャー・ダイビングではなく，業務潜水と見なされる．したがって，民間団体が発行するスポーツダイビングの C カードなどの潜水ライセンスだけでなく，労働安全衛生法の規定に従って潜水士免許を取得することが必要である．スキューバ潜水調査時の安全管理・対策については，上記資格に関連する各団体が定める規定を遵守する．以下は研究調査でスキューバ潜水を行うときの一般的留意事項である．

(1)　安全対策　　スキューバ潜水の調査に研究指導者が学生を帯同する場合には，たとえ上記資格を取得している学生であっても，安全な海域などで，調査参加者のダイビングのスキルを事前に十分把握し，スキルが未熟な学生を決して同行させない．

研究機関や民間団体のダイビングサービスを利用せずに，研究者および学生自身がスキューバ潜水を行う場合は，バディ潜水を行い，安全管理に特に配慮する．調査にあたっては，陸上で待機するメンバー（あるいは宿泊先など）に予定を周知し，予定時刻を過ぎても戻ってこない場合の対策を事前に決めておく．高気圧酸素治療装置を備えた病院など，緊急時の連絡先を事前に確認する．また，潜水前に体調や装備品を確認するチェックシートを準備しておく．

調査同行者が溺れた場合やパニックを起こした場合には，資格取得時に学んだ救助法にもとづき，適切に行動する．やみくもに接近するとしがみつかれて自分が危険になる場合もあるので，十分気をつける．実際の調査チームのメンバーで，定期的に水中での救助法の手順を確認し，訓練をすることが望ましい．たとえ机上や室内の確認だけであっても，何もやらないよりは適切に行動できる確率がはるかに高まる．

さらに，調査後にはログ（潜水記録）を必ず付け，次回以降の調査への留意点を申し送る．

(2) 定期講習　潜水調査の間隔が長く空いた場合は，講習などにより，ダイビング・スキルの維持に努める必要がある．プロのダイビング・インストラクターが同伴するレジャー・ダイビングと異なり，万が一の事態が生じた場合は，調査者自身が救助を行う必要があるため，ダイビングの安全講習を定期的に受けることが望ましい．民間のダイビング団体や研究者主導の安全講習会なども定期的に開催されている（5.5 節（11）参照）．

4.6.4 小型船舶による調査

自分自身が操舵しなくとも，小型船舶による調査を行う場合には，小型船舶操縦士免許を取得しておくのもよい．教習の過程で，安全確保やロープワークについて学ぶことができるためである．また操舵者の使う用語がわかるようになるので，船上で何らかの緊急事態が生じたときに，船長との素早い意思疎通が可能になる．

船長は，調査水域をよく知り抜いている人物であることが望ましい．水深，底質の状態，天候・風・波の変化，流れなどに精通している船長が操舵する船では，安心して調査できる．無人島や孤立岩礁などへの渡船の場合は，島の周辺に詳しい船長が特に必要である．島や大きな半島の先端部近くでは，岬の両側からの波が合一していきなり大きな波が盛り上がる，いわゆる「三角波」が発生する場合があり，船舶にとって非常に危険である．どの場所を避けるべきか知っている船長に渡船を依頼することで，防げる事故もあるだろう．

天候が悪いときや風が強いときには船は決して出すべきではない．内水面（一般の河川・湖沼を指す）でも，午前中は凪いでいたのに午後から風が出ることはよくある．小型船舶上での調査は，朝早い時間から開始し，風が出る前に戻るようにする．無人島などへの渡船の場合は，良い海況を何日も待たなければならないことも珍しくない．十分に日程を確保し，上陸や撤収は素早く行う必要がある．また，ある水域の船長が大丈夫と判断することでも，別の水域の船長は駄目だと判断することがある．その場合は，調査水域の船長の判断に従うべきである．

(1) 必需装備品

ライフジャケット　乗船中は常に着用しなければならない．落水時にライフジャケットが抜ける可能性があるので，ひもはしっかりと結んでおく．従来の発泡スチロールなど浮力材の入った固定式のもので作業に支障が生じる場合は，手動または自動膨張式のものも有用である．動力船の場合は，航行区域や船の種類に応じて装備すべきライフジャケットの浮力や装備品（笛など）が異なるので注意する．

あか汲み（ベイラー）　船底にたまった水（ビルジ）を汲み出すため，必ず乗せておく．特に，船上で採水や採集などの作業を行った場合はビルジがたまりやすいので注意する．

錨（いかり）　船を定点に固定するだけでなく，座礁や機関故障などの事故時にも必要である．小型のものでもよいので積んでおく．

オール　動力船（船外機船）であっても，機関故障時に対応するために積んでおく．また，機関が使えないような浅瀬を航行する場合にも有用である．

その他の装備品　動力船では救命浮環や信号紅炎などの法定装備品を積んでおくことは当然であるが，手こぎのボートであっても，スペースがあればこれらの装備品を積んでおくことが望ましい．動力船の場合は，機関故障に備えて簡単な工具も必ず積んでおく．

(2)　船上での行動　ボートから落ちて船外機のスクリューに巻き込まれると大けがをするため，とにかく船から落ちないように努める．

また，船のバランスに常に注意を払う．荷物の積み方には特に注意が必要である．積載量が大きくなると安定性を失うので，荷物の積みすぎを避け，定員を遵守する．重い荷物はできるだけ船底近くに平積みし，上へは積み上げないようにする．さらに右舷と左舷のバランスがとれるように配置する．小型船舶では片舷から調査機器を水に下ろして作業する場合が多い．特に採泥器のような重機器を上げ下げする場合は，舷の反対側により多く人が立つなど，バランスをとるように留意する．

手こぎボートのような小さな船では，やむを得ない場合を除き，船上で立ち上がったり，船を乗り移ったりしない．

離着岸や船同士を接舷する場合は，手を挟まれて大けがをすることがあるので，船の縁に手をかけてはいけない．

作業中の船上では，調査機材やアンカーのロープに足をとられて転倒しないよう，常に機材とロープの整理整頓に努めつつ調査を行う．調査機材やアンカーを水中に投入する際は，ロープが足などに絡まないよう注意する．特に，まとめたロープの中に足を入れることや，底引き網のワイヤをまたぐ行為は厳禁である．調査機材やアンカーを水から引き上げるときには，決してロープを手首に巻きつけて引っ張ってはいけない．誤って落水した場合，手首にロープを巻きつけていると，機材やアンカーごと人も水没する（図 4.1）．

船の種類を問わず，定置網，刺し網などの漁具に近づいてはならない．これらは水面で見るよりも水中で大きく広がっていることが少なくないので，できるだけ距離をとる．

夜間（日没から日出まで）調査を行う場合，動力船は法律で定められ

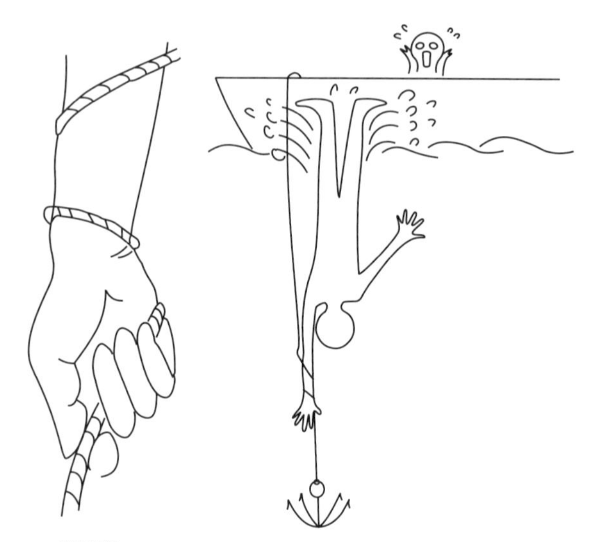

図 4.1　手首にロープを巻きつけることで生じる事故の例

た灯火を，手こぎのボートなども何らかの灯火を，航行中か（調査地点での）停泊中かを問わず点灯し，自船の存在を他船へ知らせる．

調査責任者と船長が別である場合は，何についての指示を誰が出すのか，調査責任者はよく把握し，同行者に適宜伝える必要がある．

(3)　緊急時の対処法　救助を要請する場合は，両手を大きく上下に振る．逆に，平時に船上で両手を振る行為は，難船していると誤解されるので慎むべきである．ボートから万が一落水した場合は，あわてずに救助を待つ．

(4)　その他　小型船舶上では，落水した時に溺れやすいので基本的にはウェーダーを着用しない．渡船先でウェーダーを着用する必要がある場合でも，目的地で着用する．小型船舶による着岸が困難な無人島や孤立岩礁での調査では，船から泳ぎ渡る場合がある．そうした場合には，ウエットスーツを着用する．

なお，無人島や孤立岩礁において調査を行うには，野外調査における高い総合的能力が必要とされる．そのような場所では，登山（岩登り，沢登り）やキャンプの能力とともに，波の強い海での泳力，小型船舶に関する基礎的知識，信頼のおける船長に渡船を依頼するためのコミュニケーション能力，天気図を読み天候を予測する能力，風と地形から波を予測する能力などが求められる．一朝一夕にできることではないので，時間をかけて各種能力を伸ばすことから始め，安全な調査を心がけてほしい．

4.6.5 大型船舶

大型の研究船・実習船，漁業調査船による野外活動の場合は，それぞれの船および所属する機関が定める規定，船長や乗組員の指示に従い，漁船の場合は船長をはじめとする乗組員の指示に従う．事前に調査計画（項目・日程），使用する船上の設備，観測・採集場所，役割分担などについて，乗組員と打ち合わせをしておく．また，航行スケジュールや天候により時間が限られている一方，不測の事態により観測や採集に予想外の時間がかかることが少なくない．あらかじめ調査項目の優先順位を決めておくことが望ましい．

5　資料編

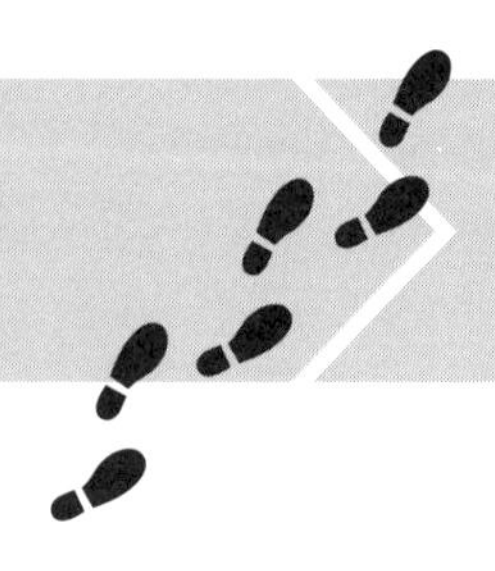

5.1　事故事例集

フィールド事故の危険を低減するには，過去の事故例を知り，自分が巻き込まれる可能性のある事故を予想し，対処法を策定することが有用である．山岳遭難や水難事故では，過去の事故や事故寸前で回避された危険事例を，具体的・客観的に収集した事故事例集（ファクトブック）が多く作成・公開され，事故の予防対策に役立てられている．

一方，研究・教育関連のフィールド調査における事故を対象としたファクトブックはこれまでになく，事故予防の観点からその作成が求められる．そこで，以下に過去の事故例の一部をまとめた．事故事例集については，生態学会のホームページ上で更新を続けていく予定である．そちらも参照されたい．

ただし，事故当事者のプライバシーや遺族への配慮は必要であり，実名や情報の詳細部分の公開の有無は，個別に判断されていることに留意していただきたい．

■ファクトブック記載の例（1997～2016 年に発生した重大事故例）

事例 5.1　ボルネオ島での航空機墜落事故

区分　　海外・交通事故

事故発生年　1997年

場所　マレーシア，ボルネオ島

事故形態　航空機墜落事故

遭難者　大学教授1名

事故概況　調査研究場所であるボルネオ島ランビル国立公園に単身で向かう最中に，搭乗したロイヤルブルネイ航空のドルニエ228-212型プロペラ機が目的地空港付近の山中に墜落・激突し，乗客・乗員が全員死亡した．

事故後の対処　現地からの連絡により，大学内に対策本部を設置．遭難者自宅と対策本部に交代制で教員・学生を配置し，情報収集・対応作業を行った．情報は記者会見により公開した．葬儀後に追悼会・追悼出版などを行い，遭難者の所属部署に事故対策基金を設置した．

問題点など

1）プレスなどの電話が殺到し，現場とのホットラインが維持できなくなった．

2）事故現場側からの情報量が少なく，家族の方々の不安を増幅した．

3）航空会社の被害者への対応が悪く，また，運行体制にも問題点が多かった．

4）研究組織内に事故に対応する体制ができておらず，対応に時間を要した．

考えられる対応

1）ホットラインは携帯電話などを使用し，確保する．

2）調査地で事故発生時に情報収集や連絡をしてくれる協力者を常時複数確保する．

3）複数路線・複数経路・複数会社の選択肢があるときには，金額・時間の多少の差にこだわらず，最も安全性の高いものを選択する．

4）部署内にリスク管理を担当する人員・基金を設置し，再発を防止する.

■事例 5.2　バハ・カリフォルニアでの船舶転覆事故

区分　海外・水難事故

事故発生年　2000 年

場所　メキシコ，バハ・カリフォルニア

事故形態　船舶転覆事故

遭難者　日本の大学教授 2 名，同じ大学の助教授 1 名，アメリカの大学教授 1 名，アメリカの大学ポスドク研究員 1 名

事故概況　バハ・カリフォルニアの離島における国際共同研究中の事故．動力付き小型ボート（グラスファイバー製）により調査地から戻る最中に船が転覆した．原動機が波をかぶり動かなくなったため船体の姿勢を制御できなくなり，海水が船内に浸入，バランスが悪化したところに強い横波を受けて転覆したと伝えられている．学者・学生の計 20 名弱が 2 艘に分乗し，このうち 9 名が乗った 1 艘が遭難した．調査地の島は本土側の海岸から約 4 マイルの距離にあり，この途中で事故が発生した．遭難時の波の高さは 6 フィートほど，水温は 15〜18°C 程度と報告されている．転覆により乗っていた 9 名が海に投げ出された．うち 4 名は自力で近くの島に泳ぎ着き生還．日本人 2 名，アメリカ人 2 名が死亡，日本人 1 名は行方不明となった．この間の詳しい状況については情報が少なく不明な点が多い.

事故後の対処　現地からの連絡により，日本の大学内に対策本部を設置．遭難者自宅と対策本部に交代制で教員・学生を配置し，情報収集・対応作業を行った．現地ではアメリカの大学の関係者をはじめ，外務省メキシコ領事館・アメリカ総領事館などが対応にあたった．情報はプレス控室を研究所内に設置し，記者会見によるプレス

リリースを行うとともにホームページでも公開した．また，アメリカ側当事者の大学はホームページ上で迅速に詳細な情報を公開した．遭難者家族は，研究機関代表者らとともに現場を確認し，情報収集，遺体引き取りなどを行った．

問題点など

1）事故現場側からの情報量が少なく，家族の不安を増幅した．
2）現場からの情報がさまざまな点で錯綜した．特に死亡確認と行方不明者の名称について誤報が流れたこと，ゴムボートと報道で報じられたことなどは周囲に誤解を与えた．
3）2艘のうちの片方に日本人研究者が集中して乗ったことが結果的に日本側の被害を大きくしてしまった．

考えられる対応

1）調査地で事故発生時に情報収集や連絡をしてくれる協力者を常時複数確保する．
2）車・ボートなどが複数ある場合は人数を振り分けることでリスク分散を図る．

事例 5.3　大学院生による自動車転落事故

区分　国内・交通事故

事故発生年　1998 年

場所　新潟県，塩沢町（巻機山）

事故形態　自動車転落事故

遭難者　大学院生 2 名

事故概況　京都府の大学院に在籍する学生 2 名が乗用車で京都を出発し，新潟県内の調査地に向かったまま連絡が途絶．帰学予定日を 2 日過ぎた時点で家族から捜索届が出され，捜索が開始された．約 3 週間後に調査予定地付近の道路から約 50 m 下の谷底に自動車ごと転落しているのが発見され，両名とも死亡が確認された．

事故後の対処

1）京都府警への捜索届の提出に伴い，大学院生の所属部局に対策本部が設置され，指導教員が対策本部長となった．広域での植物採集を目的とする調査であったため，現場が明確には特定できず，第一次捜索隊は 3 カ所に分散して車を捜索した．

2）日本道路公団・新潟県警六日町警察署・小出警察署などへ本部から捜査要請が行われ，行方不明車の足取り追跡が行われた．また，新潟大学，森林総研十日町試験地の研究者のボランティアが現地に連絡場所を設置した．

3）第一次捜索隊は，約 30 名の人員と自動車 5 台・ヘリコプター 3 機（県警・民間）・漁船などから編成され，約 1 週間，自動車の落下・転落の可能性がある場所を網羅的に捜索したが手がかりを発見できなかった．

4）第二次捜索隊は約 30 名の人員と自動車 5 台で編成され，ガソリンスタンド・コンビニエンスストア・町役場などでポスター配布・情報の聞き込みを約 1 週間行った．また，地元のマスコミ媒体の協力で情報の公開と収集を行った．

5）地元の工事関係者が事故情報を聞き，ボランティアで谷底まで下り捜索した．これによって死角にあった事故車両が発見された．

6）事故車両は谷底に落下していたため側道を急きょ建設し，車両が引き上げられた．車両引き上げ後，2 名の遺体が家族により確認された．事故原因は不明である．

問題点など

1）行動予定が詳細に示された旅行届がなかったため，捜索範囲の絞り込みに困難をきたした．

2）捜索期間が長期に及び，家族の精神的負担が極限状態に達した．

3）地元警察署によって，対応の仕方に著しい違いが認められた．

4) ヘリコプター・チャーター費用，事故車引き上げ費用などのため，捜索費は 1000 万円を大きく超える額となった．フィールド保険に加入していなかったため緊急事態用の積立金・大学当局の援助金・学会有志からの募金などが使われた．

考えられる対応

1) 行動予定表は必ず詳細に記載させ，緊急時の連絡手法などをマニュアル化することで初動を早める．
2) 事故発生時に専門家にカウンセリングを嘱託できる制度を作り，事故発生から早期の段階で心理的負担の軽減を行う．
3) 所轄警察署にはあらゆる「つて」を通じて捜索・救助への協力を強く求めるとともに，県警本部・マスコミなどにも協力を要請する．
4) 捜索資金が出る傷害保険への加入．

事例 5.4　サハリンでの感電事故

区分　海外・感電事故

事故発生年　2003 年

場所　ロシア連邦，サハリン州オハ近郊

事故形態　高圧送電線への接触による感電

遭難者　大学教授 1 名

事故概況　サハリン州オハ近郊の湿地において，高圧送電線から感電．キャンプ地付近の湿原で，徒歩により調査対象の植物種の調査中に，地表から 1 m 程度の高さにたるんだ高圧送電線に気づかず接触．同じ調査隊の日本人研究者がすぐ近くにおり，感電時の音に気づき救助を試みた．うつぶせに倒れた遭難者を呼吸確保のため，あおむけにし，遭難者の頭部周辺で燃え広がっていた草を消火した．この時点で，呼びかけなどへの応答はなかった．1 人では遭難者の運搬ができなかったので，発見者は調査グループのほかのメンバーに救

助を求めた．ゴム長靴などで二次災害の防止措置をとった救助者は，銀マットに遭難者を乗せ，道路まで運んだ．道路では，心臓の鼓動が確認できなかったので，心臓マッサージが試みられた．20～30 分後に現地の救急隊が到着し，救急隊員により死亡が確認された．翌日に行われた警察の現場検証と目撃証言から，現地時間の 19 時ごろ高圧電線から頭部に通電し，即死したと考えられる．

事故後の対処　救急隊員による死亡確認の約 1 時間後に警察が到着し，遺体は安置所に搬送され，調査隊のメンバーは警察にて事情聴取を受けた．調査隊に同行した英語通訳（学生）が 1 人であったため，非常に時間がかかった．現地警察からの連絡を受けたユジノサハリンスクの日本総領事館から深夜に電話連絡があり，領事館を経て大学へ連絡された．翌日に，警察および検察による現場検証が行われ，また調書が作成された．その作業はきわめて長時間に及んだ．当時遺体搬送の許可を得るために，死亡証明書，検視証明書，貨物証明書が必要であったが，その取得は非常に困難であった．しかし，副領事が現地に到着し，その後の交渉は飛躍的に進展した．亜鉛性の遺体搬送用コンテナの手配，飛行機の予約なども困難であった．また，死亡事故後は調査を中止し，対応にあたったが，科学研究費での出張であったため，調査費用の一部を返納する必要があった．

問題点など

1）高圧送電線の不備という日本では想像すらしにくい危険があった．

2）事故発生時には 2 人が同行していたが，事実上，単独行動をとっており，危険への注意が散漫になっていた．

3）遠隔地にある日本総領事館との電話連絡が困難であった．これは，特定の場所（警察，郵便局，大企業のオフィスなど）の電話でしか市外通話ができないためだった．

考えられる対応

1) 野外調査中の事故・危険をデータベース化し，調査前にリスクアセスメントを行っておく．
2) カウンターパートなど，現地の事情に通じた人を含めて，十分なリスクアセスメントを試みる．
3) 調査地と留守本部との連絡手段の確保に加え，調査国内での連絡手段も確認・確保しておく．

事例 5.5　屋久島での実習における溺水事故

区分　国内・水難事故

事故発生年　2016 年

場所　鹿児島県，屋久島町（安房川（あんぼうがわ））

事故形態　河川溺水事故

遭難者　学部生 1 名

事故概況　九州大学の総合科目「フィールド科学研究入門 “屋久島プログラム”」に参加した学生が，引率教授の指示で，安房川で泳ぎ始めた．多くの学生は水着に T シャツを羽織った程度で，サンダル姿だった．右岸側に泳ぎついた同行の准教授および 7 人の学生たちが，最後を泳いでいた 2 名の学生が溺れたことを認識．准教授は，下流の桟橋に係留されていたカヌーを使って救助に向かった．1 名の学生が右岸から泳いで救助に向かったが，2 人に抱きつかれて何回も浮き沈みするなどしたので，准教授が出していたカヌーにつかまり，右岸に戻った．溺れていた 1 名は准教授がもってきたカヌーに引き上げられて右岸に移動でき，一命を取り留め，その後病院に搬送された．准教授は溺れたもう 1 名を探したが，その姿を水面に発見することはできなかった．消防や近辺への救助要請を行い，カヌーなどを使って救助活動を行うも見つからず，一緒に泳いでいた学生の情報によって場所を特定し，警察が委託した船から水中 3 m 地点で溺れた 1 名を発見した．溺れた学生は消防の潜水士によって引き上げられ，救急車で病院へ搬送されたが，死亡が確認された．

事故後の対処　事故直後から死亡確定までの間，引率教授と農学部事務部は 4 回にわたり連絡をとり合い，状況を相互確認し，遭難学生の家族への事故連絡などを行った．遺体は，病院での検視を経て，翌日に飛行機にて鹿児島県警本部に搬送され，遺族と対面した．

引率教授と参加学生は，事故当日と翌日に警察から事情聴取を受けた．引率教授は，来島した事務方 1 名とともに事故翌日の夕方に屋久島宮之浦港を高速艇で発ち，鹿児島県警本部にて遺族と面会して謝罪した．学生たちも事故翌日の夕方発の高速船に乗って鹿児島本港南埠頭へ向かい，農学部事務部がチャーターしたバスで農学部事務職員 2 名とともに帰路についた．途中のサービスエリアで九州大学キャンパスライフ・健康支援センターの教員 2 名がバスに乗り込み，学生へのカウンセリングを開始した．バスに乗っていた 19 名の内 8 名までで面談を終了し，残りの学生には，後学期開始までには面談を行う旨を告げた．その後，深夜に伊都キャンパス周辺の数カ所で学生を降ろし，全員が帰宅した．

問題点など

1）非常事態に備えた連絡体制の整備と連絡手段の確保ができていなかったため，消防や警察への救援依頼の遅れや通報内容の曖昧さにつながった．

2）流水域での調査では不測の事態はつきものであるが，ウエットスーツもしくはライフジャケットの着用をしていなかった．

3）実習場所に関するリスクを十分に把握していなかったことに加え，引率者も少なく，基本的にフィールド科目の安全管理と安全教育の実施が不十分であった．

4）遺族が引率の教授（退職）と九州大学に対し，安全管理体制に不備があったとして約 9100 万円の損害賠償などを求めた訴訟が起こされた．福岡地裁は大学の過失を認めて国家賠償法にもとづき，大学に約 7700 万円の賠償を命じた．教授個人に対する請求は退けた．

考えられる対応

1) 基幹教育科目の多くは 1～2 年次向けの開講であることから，未経験者が多いことを前提にした安全管理と安全教育を行う．
2) 大学などの実施運営主体は，安全管理と安全教育に関する事項がフィールド科目で実施されているかを把握し，必要な場合には改善指導を行うなどの一元管理を行う．
3) 地域の住民や観光などでの来訪者の安全安心を守る観点，防災の観点，事件事故の際の救助の観点などから，経験にもとづくものも含めて，事前に実習場所に関する情報を得ておく．
4) 川は常に流れを伴うことに十分な配慮をもつべきである．ウエットスーツの着用もしくはライフジャケットの着用は必須である．

（国立大学法人九州大学屋久島フィールドワーク学生事故調査委員会（2017）より引用）

5.2 フィールド保険について

(1) 関連民間企業が扱う保険　山岳登攀やピッケル・アイゼンの使用を含む活動を補償する山岳保険や，ハイキング・トレッキングなどを補償する野外活動保険がある．モンベル社の場合（引受会社 AIG 損害保険株式会社 [*9]），補償期間や，就業中の補償の有無など多様なプランがある．山岳保険，野外活動保険とも救援者費用などの補償が含まれる．ホームページからの加入が可能である．

[*9] https://hoken.montbell.jp

(2) 海洋および海外での事故に関する保険　海洋の事故についてはレジャーダイビング保険（DAN JAPAN）[*10)]またはダイバーズ保険（遠井保険事務所：引受会社 AIG 損害保険株式会社）[*11)]という商品がある．また，海外の場合は，移動中に起こりうる交通機関の事故に対する補償を厚くする意味で，海外旅行傷害保険を併用することが望ましい．

(3) その他　主要な野外活動・山岳保険は 5.5 節を参照されたい．

(4) 学生教育研究災害傷害保険[*12)]　大学生・大学院生で，卒業研究や修士論文・博士論文のための正課での研究の場合は，学生教育研究災害傷害保険により手厚い補償を受けられる．また，一般の保険に比べて，費用は破格に安い．ただし，捜索費用などのいわゆる救援者費用など補償は含まれない．大学の学生課あるいは教務課などから加入できる．

5.3 装備リスト

以下は，フィールドで作業をする際の一般的な装備品リストである．あくまで目安であり，個々の調査内容に合わせたものを各自が作ることが望ましい．

◎…必需品であり種類の選定が必要なもの
○…必要なもの
△…TPO に合わせて選択するもの

*10) https://www.danjapan.gr.jp/service/insurance/leisure
*11) https://toy-hoken.co.jp/personal/divers/
*12) http://www.jees.or.jp/gakkensai/

5.3.1 陸上調査装備品リスト

表 5.1 一般装備品リスト

項目	注	
身分証明書・免許証など	身元や緊急連絡先を示してあるもの.	◎
Tシャツ・ポロシャツ	ポリエステルなどの吸汗速乾素材のもの.	◎
長袖Tシャツ・ポロシャツ	ポリエステルなどの吸汗速乾素材のもの.	◎
防寒着	フリースなどぬれても保温性が失われないもの.	○
ズボン	動きやすいナイロン製のもの. ストレッチの作業ズボンがよい.	◎
手袋・軍手	野外調査必携. 合成皮革の薄手グローブが作業しやすい.	◎
帽子	つばの広いもの. ひものついているものがよい.	◎
雨具	ゴアテックスなど防水透湿素材のセパレート雨具がよい.	◎
靴下	厚手のものがくつずれしない.	◎
着替え	雨天時に備えビニール袋にパックする.	◎
登山靴	長距離歩行用. 軽荷ならトレッキングシューズ, 重荷なら深底の登山靴を使う. 足首をしっかりホールドするものを選ぶ.	◎
長靴	調査地用. 日帰り短距離ならこれだけでもよい.	◎
ザック（バックパック）	日帰りなら35L程度, 宿泊なら60L程度が使いやすい. 重荷を背負う場合は慎重に選ぶこと.	◎
ザックカバー	ザックを汚したくない人に.	△
水筒	1～2L程度のプラスチック容器, ペットボトル.	◎
ビニール袋	ザック内を小分けにパックする. サンプル袋にも使う.	◎
洗面用具	適宜.	○
食料（非常食・行動食）	カロリーの高いもの, 糖分の多いものを選ぶ.	◎
眼鏡・コンタクト予備	長期遠隔地の調査では必携.	△
ヘッドランプ	電池持続時間の長いものがよい. LEDランプを勧める. 予備電池も忘れずに.	◎
コンパス	クリノメーターでも代用可能. 電子式を用いる場合は予備を忘れずに.	◎
ナイフ	小型のものでもよい.	◎
予備電池	長期の調査では必携.	○

表は次ページに続く

前ページからの続き

項目	注	
地図	1/25000 地形図必携．国有林林班図・施業図・都市計画図なども便利．航空写真・衛星画像なども必要に応じて携行する．当該山域の登山地図があれば便利に使える．	◎
筆記用具	コクヨの防水野帳が便利．	◎
ポケットラジオ	長期フィールドでの気象情報取得用．地震や噴火でも正確な情報を得られる．	○
ライター・マッチ	ビニールに包み，ぬれないようにする．	◎
細引き・スリング	いざというときに万能．3〜4 mm 径くらいのものを 10 m 程度．	◎
救急セット（別掲）	絆創膏・包帯・消毒薬・化膿止め・痛み止め・下痢止め・虫刺され・テーピングテープ・はさみ・ガーゼなど．	◎
持病薬	適宜．	◎
鉈・鋸	特に，やぶこぎ，たき火が予想される場合．	△
裁縫セット	長期フィールド用．テント補修など．	△
高度計	気圧計併用式で時計組み込みのものが便利．アジャストを忘れずに．	△
GPS	平原・湿原など広くて迷いやすい地形の場所で便利．予備電池を忘れずに．	△
携帯電話・スマートフォン	緊急時に無線の代わりになる場合がある．予備電池を忘れずに．	△
パーソナル無線	144 MHz 帯と 430 MHz 帯のデュアル型が便利．緊急時通信用．	△
許可証・腕章など	調査の目的や調査地での必要性に応じて．	△
テント	山岳用ドーム型を推奨．フライは大型のものを選ぶこと．	△
テントマット	テントの床全面を覆う薄いものとシュラフの下に敷く厚いものの 2 種類があると快適に過ごせる．	△
コンロ	寒冷地や長期ならガソリン・灯油用，短期ならガス用．	△
コッフェル（なべ）	コンパクトで調理効率のよいもの．	△
食器類カップ・皿・はしなど	熱い食べ物・飲み物を入れてももてるもの．	△

表は次ページに続く

前ページからの続き

項目	注	
トイレ用品	ビニールに包み，ぬれないようにする．	◎
生理用品	トイレ用品とセットにしてスタッフバッグにまとめる．	△

表 5.2 救急箱リスト

項目	注	国内	国外
三角巾	2～3 枚あると骨折・外傷の際に便利．使用法は救急法講習会で習得．	◎	◎
包帯	伸縮性のものと非伸縮性のものを使い分ける．	◎	◎
絆創膏	さまざまなサイズのものを混ぜておく．	◎	◎
はさみ	包帯の切断に使えるもの．	◎	◎
消毒薬	マキロン®，アクリノール液など．	◎	◎
ガーゼ	ケーパインなど 1 枚ずつ滅菌密封してあるもの．	◎	◎
湿布薬	打ち身・捻挫用．	○	○
テーピングテープ	捻挫・外傷の際に便利．キネシオテープも一緒に入れておく．	◎	◎
体温計	中長期の調査旅行や学生実習に．	○	◎
ピンセット・毛抜き	ハチの針や木のささくれを抜くのにも使う．	◎	◎
綿棒	消毒薬や外用薬の塗布に．	◎	◎
脱脂綿	小さいサイズに小分けにしておく．	◎	◎
胃腸薬	消化剤，胃壁の保護．	○	○
止瀉薬	下痢止め．水あたりなどに使う．	◎	◎
解熱鎮痛剤	イブプロフェンなど．頭痛・生理痛などに．	◎	◎
胃・十二指腸潰瘍治療剤（ぜん動止め）	ブスコパン®など．海外でアメーバ赤痢や急性腸炎などで激しい下痢や脱水症状を起こしたときに用いる．薬局で購入可能．	△	◎
抗生物質（内服）	病院で海外調査用にまとめて処方してもらう．感染症・大きな外傷などに．ペニシリンショックに注意．海外では処方箋なしで買える場合も多い．	△	○

表は次ページに続く

前ページからの続き

項目	注	国内	国外
抗生物質（外用）	テラマイシン®，クロマイ®などの軟膏．切り傷，刺し傷に．薬局で購入可能．	◎	◎
抗ヒスタミン剤（内服）	毒虫などでアレルギー症状が出たときに．医師に処方してもらう．	△	○
抗ヒスタミン剤（外用）	フルコート®など．湿疹，ウルシかぶれなどに．薬局で購入可能．	◎	◎
抗アレルギー薬（内服）	アレグラ®など．アナフィラキシー防止のために調査前から服用する．薬局で購入可能．	△	△
総合感冒薬	いわゆる風邪薬．	◎	◎
目薬	外傷時に殺菌，洗眼に使えるもの．外用抗生物質もテラマイシン眼膏など専用のものを使う．薬局で購入可能．	△	△
人工呼吸用吹き込みマスク	蘇生法実施時に救助者の感染症予防のために使う．キーホルダータイプもある．	○	○
プラスチック手袋	感染症予防用に．	○	○
マスク	感染症予防用に．	○	○
冷却剤	ヒヤロンなど．患部を冷やすのに便利．	△	○
利尿剤	高標高地での高山病（肺水腫・脳浮腫）対策に使用する．ダイアモックスを医師に処方してもらう．従来使われてきた，ラシックスなどのほかの利尿剤は現在効かないと言われている．	△	△
持病薬	心臓病，高血圧，喘息などの場合は忘れずに．	◎	◎
感染症予防薬	アナフィラキシー用エピペン®や，ダニ脳炎用γ–グロブリンなど．注射器の使用法は必ず医師・看護師に指導を受けること．	△	△

表 5.3 木登り調査用装備リスト

項目	注	
ズボン	動きやすいナイロン製のもの．ストレッチの作業ズボンがよい．	◎

表は次ページに続く

前ページからの続き

項目	注	
手袋・軍手	野外調査必携．合成皮革の薄手グローブが作業しやすい．木登りには，岩登り用に指先が出ているものがベスト．	◎
ヘルメット	岩登り用．墜落時ではなく，登攀中に大枝などで頭を打つときに有効．	◎
クライミングシューズ	登山靴や長靴ではなく，岩登り用がベスト．地下足袋もよい．	◎
ザイル	11 mm 径で長さ 25 m 程度のもの．3～5 年程度で必ず交換．	◎
シットハーネス	体に合ったものを個人専用として準備する．	◎
チェストハーネス	必ずシットハーネスと組み合わせて使うこと．	○
安全環付カラビナ	ハーネスと登攀器や下降器を固定するために使う．片手で操作できるように習熟しておくこと．予備が必要．	◎
カラビナ	さまざまな道具をつるしておく．	◎
登攀器	ユマール，アッセンダーなどという名称で売られている．体重を交互にかけてザイルを登るためのもの．	◎
下降器	摩擦を効率よくかけて下降速度を調節するもので，さまざまな種類があるが，エイト環が容易な操作で最も一般的．予備が必要．	◎
ナイフ	折り畳み式のもの．必ずひもをつけておく．	◎
細引き・スリング	必需．3～4 mm 径くらいのもので 1 m 程度のものを数本と，10 m 程度のものを 2 本．	◎
あぶみ	オーバーハングしている大枝を乗り越えるときに使う．	○
パチンコ，ボーガンなど	テグス付きの重りを最初に枝に飛ばす．パチンコは，銃砲店にスリングショットという競技用のものを売っている．	○
リール・テグス・重り	釣り用を転用．枝の高さに応じて，テグスの太さや重りの重さを加減する．	○
ナイロンロープ	テグスからザイルに置き換える中間段階で使う．船舶・漁業用の 8 mm 径程度のものが安くて，使いやすい．	○

表は次ページに続く

前ページからの続き

項目	注	
一本ばしご，縄ばしご，脚立など	木に応じて使う．ちゃんと固定するとともに，木登りする人はこれとは独立にザイルなどで必ず確保をとること．	○
水筒	1〜2L 程度のポリタンクなど．	△
食料（非常食・行動食）	カロリーの高いもの，糖分の多いものを選ぶ．	△

5.3.2 水辺の調査での装備品リスト

表 5.4 共通の携行品リスト

項目	注	潮間帯調査	小型船舶調査	スノーケリング	スキューバ潜水
飲み水	水筒が望ましいが，ペットボトルでも可．	○	○	○	○
食料（非常食・行動食）	カロリーの高いもの，糖分の多いものを選ぶ．	○	○	○	○
コンパス	耐水性のもの．GPS でも代用可能．	○	○	○	○
GPS	広くて迷いやすい地形の場所で便利．予備の電池を用意する．水没・浸水対策が必要．	△	△	△	△
ヘッドランプ	夜間調査で必携．電池持続時間の長いものがよい．LED ランプを勧める．	△	△	△	△
予備電池	電池を使用する機器を利用する場合は必携．	△	△	△	△
地図	船舶では海図は必携．陸上の地図も位置特定用にあると便利．	△	○	△	△
筆記用具	耐水紙を利用したものが便利．	○	○	○	○
携帯電話	緊急時に無線の代わりになる場合がある．海には防水対策をして持ち出す．	○	○	△	△
パーソナル無線	144 MHz 帯と 430 MHz 帯のデュアル型が便利．緊急時通信用．	△	△	△	△
ロープ類	船舶には必須．船外でもいざというときに万能．	△	○	△	△
水筒	1〜2 L 程度のポリタンク．				◎

表は次ページに続く

前ページからの続き

項目	注	潮間帯調査	小型船舶調査	スノーケリング	スキューバ潜水
救急セット	絆創膏・包帯・消毒薬・化膿止め・痛み止め・下痢止め・虫刺され・テーピングテープ・はさみ・ガーゼなど.	◎	◎	◎	◎
持病薬	適宜. 船酔いしやすい人は状況に応じて使用.	△	△	△	△
バケツ	汎用. 蓋つきのものは干潟調査などの移動時に便利.	△	○	△	△
ビニール袋	用途に応じてさまざまなサイズを用意. チャック付きのものが便利な場合もある.	△	○	△	△
テープ類	ビニール製のものはロープワークなど, さまざまな用途に利用可能.	△	○	△	△
日焼け止め	昼間の調査では季節にかかわらず必携.	◎	◎	◎	◎

表 5.5　潜らない作業（潮間帯, ボート）

項目	注	潮間帯	ボート
作業用上着	ポリエステルなどの吸汗速乾素材のものが好ましい.	○	○
ズボン	動きやすいナイロン製のもの. ストレッチの作業ズボンがよい.	○	○
手袋・軍手	野外調査必携.	◎	◎
帽子	つばの広いもの. 環境に応じてヘルメットが必要な場合もある.	○	○
防寒着	フリースなど. 冬季は雨具の下に着る. スキューバ, スノーケリングは調査後の移動時にあると便利.	○	○

表は次ページに続く

前ページからの続き

項目	注	潮間帯	ボート
雨具	漁業従事者用の頑丈なものからゴアテックスなど防水透湿素材のものまで多様．セパレート雨具が便利．スキューバ，スノーケリングは調査後の移動時にあると便利．	○	○
胴長	底がフェルト地のものが滑りにくい．	△	△
救命胴衣	船舶では必携．流水中で胴長を使う調査時も着用が強く勧められる．	○	◎
長靴	特に滑りにくいものがよい．	△	○
マリンブーツや地下足袋	底がフェルト地のものが滑りにくい．	△	△
ザック	徒歩で調査地に行く場合に必要．20〜35L程度が使いやすい．重荷を背負う場合は慎重に選ぶこと．	○	
ナイフ	船舶ではロープワーク用に必携．	△	◎
ポケットラジオ	気象・海象情報取得用．	△	○
虫よけ	湿地，マングローブなど沿岸域でも虫が大量にいるところがある．	△	

表 5.6 潜る調査（スノーケリング，スキューバ）

項目	注	スノーケリング	スキューバ
ウエットスーツ	暖かい海域．生地の厚さは水温に応じて決定．	○	○
ドライスーツ	寒い海域．	○	○
インナージャージー	ドライスーツの下に着用．吸汗速乾素材のものが好ましい．	○	○
グローブ	保温性の高いもの．	○	○
マリンブーツ	磯などの滑りやすい場所を歩く場合と潜水ではタイプが異なる．	○	○
フード	防寒対策のほか，有害生物から身を守るうえでも有効．	△	△
防寒着・雨具	スキューバ，スノーケリングの調査後，移動時にあると便利．	△	△

表は次ページに続く

前ページからの続き

項目	注	スノーケリング	スキューバ
着替え	潜水開始・終了点に準備.	△	△
マスク	自分の顔，頭のサイズにあったものを.	◎	◎
スノーケル	排気弁が付いたものと付かないものでスノーケルクリアの効率が多少異なる.	◎	◎
フィン	スノーケル用かスキューバ用か，あるいは遊泳距離の長短，泥の巻き上げ防止の必要性などに応じて異なる特性のフィンが選択可能.	◎	◎
ダイブナイフ	スノーケル，スキューバでは緊急脱出用，船舶ではロープワーク用に必携.	◎	◎
レギュレータ	事前点検とメンテナンスを入念に.		○
BC（浮力調整装置）	インフレータの事前点検とメンテナンスを入念に.		○
ウエートおよびウエートベルト	適正ウエートをあらかじめ理解する.ドライスーツの場合は，ウエートベスト，アンクルウエートなど，腰の負担を軽減するものを併用できるが，ほかのダイバーが着脱可能でないものは全ウエートの 1/3 以下に抑える.	△	○
ダイブコンピュータ（水深計，コンパス）	潜水時間や浮上速度の制御に利用.また，水深計などは調査にも利用できる.	△	○
水深計	スキューバ潜水では必携だが，ダイブコンピュータで代用できる.	△	○
シグナルフロート	浮上地点が予定と異なった場合に，船に位置を知らせる.	△	○
ダイビングフラッグ	業務潜水には掲揚が必須.	△	○

表は次ページに続く

前ページからの続き

項目	注	スノーケリング	スキューバ
水中用メッシュバック	小型の調査機器およびサンプルの保持用．フィンやレギュレータに絡まないように工夫する．	○	○
モンキースパナ・六角レンチ	レギュレータのホースやインフレータホースの着脱用．ビーチあるいは乗船する船まで携行．		○
潜水士免許・C カード	研究機関あるいは船まで携行．	△	○

表 5.7 小型船舶関係

項目	注	
あか汲み	船底にたまった水（ビルジ）を汲み出すため，必ず乗せておくこと．特に，船上で採水や採集などの作業を行った場合はビルジがたまりやすいので注意する．	◎
オール	動力船（船外機船）であっても，機関故障時に対応するために積んでおく．また，機関が使えないような浅瀬を航行する場合にも有用である．	◎
工具	動力船（船外機船）では，機関故障に備えて簡単な工具は必ず積んでおく．	○
救命浮環や信号紅炎などの法定装備品	動力船では積んでおくことは当然であるが，手こぎのボートであっても，スペースがあればこれらの装備品を積んでおくことが望ましい．	○

5.4 参考文献

(1) 野外活動一般

Association of University & College Lecturers. Guidelines and Code of Practice for Fieldwork, Outdoor and Other Off-Campus Activities as Part of an Academic Course, 1994.

Howell, N. *Surviving Fieldwork: A Report of the Advisory Panel on Health and Safety in Fieldwork*. American Anthropological Association, 1990.

Nichols, D. *Safety in Biological Fieldwork: Guidance Notes for Codes of Practice*. Institute of Biology, 1999.

USHA/UCEA. Guidance on Health and Safety in Fieldwork: Including offsite visits and travel in the UK and overseas, 2011.

粕谷英一．野外調査における事故防止のために．日本生態学会誌，51，41-43，2001.

日本生態学会野外安全管理委員会．フィールド調査における安全管理マニュアル．日本生態学会誌，69，別冊，2019.

(2) 山岳関係技術書

山歩きはじめの一歩（全 7 巻），山と溪谷社，2001.

ヤマケイ登山学校（全 9 巻），山と溪谷社，2019–2021.

ヤマケイ登山技術全書（全 12 巻），山と溪谷社，2005–2007.

山の ABC（全 5 巻），ヤマケイ新書，2017–2020.

(3) 山岳関係一般

日本勤労者山岳連盟．どうする山のトイレ・ゴミ．大月書店，2002.

村越 真，長岡健一．山のリスクと向き合うために：登山におけるリスクマネジメントの理論と実践．東京新聞出版局，2015.

山本正嘉．登山の運動生理学とトレーニング学．東京新聞出版局，2016.

(4) 気象・雷・雪崩

飯田睦治．登山者のための最新気象学．山と溪谷社，1999.

猪熊隆之，海保芽生．山の観天望気：雲が教えてくれる山の天気．ヤマケイ新書，2020.

雪氷災害調査チーム，雪崩事故防止研究会．増補改訂版 雪崩教本 Avoid a Avalanche Crisis．山と溪谷社，2022.

出川あずさ，池田慎二．増補改訂 雪崩リスク軽減の手引き：山岳ユーザーのための．東京新聞出版局，2017.

北川信一郎．落雷による死傷と屋外スポーツにおける安全対策の研究．デサントスポーツ科学，9: 324–333，1988.

志賀尚子．雷の直撃と心肺蘇生．日本山岳会，2005．https://jac1.or.jp/about/iinkai/iryou_column/2014010814559.html

大矢康裕，吉野　純．山岳気象遭難の真実―過去と未来を繋いで遭難事故をなくす．山と溪谷社，2011.

(5) 地図

阿部亮樹．イラスト読図：地図読みは最強のリスク回避．東京新聞出版局，2016.
五百沢智也．最新地形図入門：2 万 5 千分の 1 図による．山と溪谷社，1989.

(6) 救急法

ウィルカーソン，J. A.；赤須孝之訳．新版　登山の医学．東京新聞出版局，1990.
応急手当指導者標準テキスト改訂委員会．応急手当指導者標準テキスト：ガイドライン 2020 対応．東京法令出版，2022.
堤　信夫．全図解レスキューテクニック 初級編．山と溪谷社，2005.
日本登山医学会．登山の医学ハンドブック　改訂第 2 版．杏林書院，2009.
日本山岳会医療委員会．山の救急医療ハンドブック．山と溪谷社，2005.
藤原尚雄，羽根田　治．レスキューハンドブック　増補改訂版．山と溪谷社，2020.

(7) ロープワーク

敷島悦朗．アウトドアですぐ役立つロープワーク：簡単に結べる（るるぶ Do!）．JTB パブリッシング，2004.
羽根田　治．新版　ロープワークハンドブック．山と溪谷社，2024.
ロープワーク研究会．写真と図で見る ロープとひもの結び方大全．西東社，2020.

(8) 洞窟調査（ケイビング）

近藤純夫．ケイビング：入門とガイド（YAMAKEI アドバンスド・ガイド）．山と溪谷社，1995.

(9) 危険生物

〔一般〕

篠永　哲．知っておきたいアウトドア危険・有毒生物：安全マニュアル．学研プラス，1997.
日本自然保護協会．野外における危険な生物（フィールドガイドシリーズ 2）．平凡社，1994.

武蔵野自然塾．危険生物ファーストエイドハンドブック　陸編　増補改訂版．文一総合出版，2024．
山下次郎．北海道のエキノコックス症と北大．北大百年史，通説．pp. 936–947，1982．

〔海の生物〕

小浜正博．海洋咬刺傷マニュアル　THE MARINE STINGER GUIDE：海の生き物と楽しく過ごすために．ピークビジョン，1995．
武蔵野自然塾．危険生物ファーストエイドハンドブック　海編．文一総合出版，2017．

〔ハチ〕

松浦　誠．スズメバチはなぜ刺すか．北海道大学図書刊行会，1988．
松浦　誠ほか．蜂刺されの予防と治療：刺す蜂の種類・生態・駆除，蜂刺され対策と医療　改定版．林業・木材製造労働災害防止協会，2005．

〔クマ〕

大井　徹．ツキノワグマ：クマと森の生物学．東海大学出版会，2009．
萱野　茂，前田菜穂子．よいクマわるいクマ：キムン・カムイ　ウェン・カムイ　見分け方から付き合い方まで．北海道新聞社，2006．
ヒグマの会編．ヒグマとつきあう：ヒトとキムンカムイの関係学．総北海，2010．
山中正実．ヒグマとの遭遇回避と遭遇時の対応に関するマニュアル　第 2 版．知床財団，2004．

〔キノコ〕

今関六也ほか．増補改訂新版　日本のきのこ（山渓カラー名鑑）．山と溪谷社，2011．
奥沢康正ほか．毒きのこ今昔：中毒症例を中心にして．思文閣出版，2004．

(10)　狩猟

野生生物保護行政研究会．狩猟読本．社団法人大日本猟友会，2009．

(11)　潜水関係

中央労働災害防止協会．潜水士テキスト　第 7 版：送気調節業務特別教育用テキスト．中央労働災害防止協会，2021．

(12) 小型船舶関係

日本海洋レジャー安全振興協会．小型船舶を安全に操縦するために：小型船舶操縦士実技教本．舵社，2019．

(13) 法律問題

京都第一法律事務所．科学者のための法律相談：知っておいて損はない 25 の解決法．化学同人，2007．

中田　誠．商品スポーツ事故の法的責任：潜水事故と水域・陸域・空域事故の研究．信山社，2008．

溝手康史．登山の法律学．東京新聞出版局，2007．

溝手康史．登山者ための法律入門：山の法的トラブルを回避する 加害者・被害者にならないために．ヤマケイ新書，2018．

(14) 事故関係

国立大学法人九州大学屋久島フィールドワーク学生事故調査委員会．九州大学総合科目「フィールド科学研究入門 "屋久島プログラム"」における死亡事故について：原因究明及び再発防止のための報告書．九州大学，2017．https://www.kyushu-u.ac.jp/f/30272/20170331-1.pdf

羽根田　治ほか．トムラウシ山遭難はなぜ起きたのか：低体温症と事故の教訓．ヤマケイ文庫，2012．

5.5 参考 URL

(1) 野外調査の安全管理および事故事例

有持真人：アルパインクライミング　遭難事故報告，https://www.big.or.jp/~arimochi/sounanjiko.houkoku.html

科学技術振興機構：失敗知識データベース，http://www.shippai.org/fkd/index.php

中央労災防止協会　安全衛生情報センター：ホーム，http://www.jaish.gr.jp/index.html

林業・木材製造業労働災害防止協会：ホーム，https://www.rinsaibou.or.jp

(2) 海外渡航

外務省：海外安全ホームページ，https://www.anzen.mofa.go.jp

厚生労働省検疫所：海外感染症情報（FORTH），https://www.forth.go.jp/index.html

(3) 天候・気象

JAL：天気情報，http://weather.jal.co.jp/
Yahoo! JAPAN：世界の天気，https://weather.yahoo.co.jp/weather/world/
ウェザーニュース：ホーム，http://weathernews.jp
気象庁：ホーム，https://www.jma.go.jp/jma/index.html
国際気象海洋株式会社：ホーム，http://www.imocwx.com/index.php
国土交通省：川の防災情報，https://www.river.go.jp/
国土交通省　防災情報提供センター：防災情報，https://www.mlit.go.jp/saigai/bosaijoho/index.html
北海道放送：専門天気図，https://www.hbc.jp/pro-weather/index.html

(4) 地図

国土地理院：ホーム，https://www.gsi.go.jp
日本地図センター：ホーム，https://www.jmc.or.jp

(5) ロープワーク

ロープワークの達人，http://tatsujin23.web.fc2.com/ropework/index.html

(6) 救急法

日本赤十字社：ホーム，https://www.jrc.or.jp

(7) 感染症・寄生虫・人獣共通感染症

厚生労働省検疫所：海外感染症情報（FORTH），https://www.forth.go.jp/index.html
国立感染症研究所　感染症疫学センター：ホーム，https://www.niid.go.jp/niid/ja/from-idsc.html
北海道大学　人獣共通感染症国際共同研究所：ホーム，https://www.czc.hokudai.ac.jp
北海道立衛生研究所：エキノコックス症，http://www.iph.pref.hokkaido.jp/topics/echinococcus1/echinococcus1.html
ダニ脳炎ワクチン販売　Baxter 社：ホーム，http://baxter.com/

(8) 危険生物

アウトバック：元祖熊撃退スプレー―カウンターアソールト，http://outback.cup.com/counter_assault.html
沖縄県：野生生物等情報，https://www.pref.okinawa.jp/kurashikankyo/petgaiju/

1018721/index.html
ジャパンスネークセンター：ホーム，https://www.snake-center.com
知床財団：ヒグマ対処法，https://www.shiretoko.or.jp/higumanokoto/bear/
東京都保健医療局：食品衛生の窓，https://www.hokeniryo.metro.tokyo.lg.jp/shokuhin//kinoko/
VIATRIS：エピペンサイト，https://www.epipen.jp/
日本中毒情報センター：ホーム，https://www.j-poison-ic.jp
北海道立総合研究機構：ヒグマとのあつれきを避けるために―ヒグマのこと，もっとよく知ろう，https://www.hro.or.jp/upload/1099/higuma.pdf
横山和正：毒きのこデータベース（旧滋賀大学毒きのこデータベース），https://toadstool.jimdofree.com

(9) 狩猟

環境省：狩猟制度の概要，https://www.env.go.jp/nature/choju/hunt/hunt2.html
大日本猟友会：ホーム，http://j-hunters.com

(10) 無線・通信

GARMIN：inReach，https://www.garmin.co.jp/search/?q=inReach
Globalstar：ホーム，https://www.globalstar.co.jp
KDDI Business：衛星通信・衛星電話，https://biz.kddi.com/service/satellite/
日本アマチュア無線連盟（JARL）：ホーム，https://www.jarl.org

(11) 潜水（ダイビング）

JCRS（日本サンゴ礁学会・サンゴ礁調査安全委員会）：ホーム，https://www.jcrs.jp/wp/?page_id=1056
JCUE（日本安全潜水教育協会）：ホーム，https://www.jcue.net
NAUI：ホーム，https://www.naui.co.jp
PADI：ホーム，https://www.padi.co.jp
安全衛生技術試験協会：ホーム，https://www.exam.or.jp
海洋調査協会：ホーム，https://www.jamsa.or.jp
中田　誠：ダイビングで死なないためのホームページ，http://www.hi-ho.ne.jp/nakadam/diving/index.htm

(12) 自動車

JAF（日本自動車連盟）：ホーム，https://jaf.or.jp

(13)　船舶

島根大学汽水域研究センター：小型船舶安全運行指針，https://www.kisuiiki.shimane-u.ac.jp/rule2/unkohshishin.pdf
船員災害防止協会：ホーム，https://www.sensaibo.or.jp

(14)　保険

ココヘリ（会員制捜索ヘリサービス）：ホーム，https://www.cocoheli.com
セブンエー（三井住友海上代理店）：ホーム，https://www.7agroup.net
日山協山岳共済会：ホーム，https://sangakukyousai.jp
日本国際教育支援協会：学生教育研究災害傷害保険，https://www.jees.or.jp/gakkensai/index.htm
日本山岳救助機構合同会社：jRO（ジロー），https://sangakujro.com

(15)　法律問題

京都第一法律事務所：科学者のための法律相談，https://www.daiichi.gr.jp/publication/scientist
宗宮誠祐：登山事故の法的責任を考えるページ，http://tozanjikosekinin.site

(16)　メンタルケア

赤城高原ホスピタル：PTSD：心的外傷後ストレス障害，http://www2.wind.ne.jp/Akagi-kohgen-HP/PTSD.htm
日本トラウマティック・ストレス学会：ホーム，https://www.jstss.org

あとがき

1990年代の後半から，生態学の野外調査中に死亡事故が立て続けに起こった．その当時の私は大学院の博士課程を終え，4年間ほどのポスドクを経て，運良く職を得た頃であった．生態学の第一線で活躍される研究者や将来有望な若者の喪失という事態は，その学術的な損失の大きさよりも，とにかく悲しくショックな出来事であった．このような悲惨な重大事故を，なんとしても今後は起こしてはならない．それにはどうすればよいのか．そのような思いを抱いた学会員が中心になり，安全管理マニュアルの出版へと舵が切られていったのである．

私は学生時代から登山を趣味にしている．その経験から，登山届を提出するなど，多少のフィールドにおける安全管理については知っていた．しかしながら，学生時代は，若気の至りというか，冬山など少々自分の実力を超えるようなレベルの高い登山も行うことがあった．現在まで命を落とすことなく生きながらえたのは，運もあったように思う．ある程度の年齢になってくると，自分より若い人たちとの登山が多くなり，リーダー的な役割を担うことも多くなる．その時代に一緒に山に行ったことのある仲間が登山中にけがをしたり，死亡したりするという事故が続いた．それによって，登山で重要なことはピークを踏むよりも，無事に生きて帰ってくることであり，パーティーメンバー全員を安全に下山させるのがリーダーの役割であることを強く自覚するようになった．また，日本雪崩ネットワークが主催する雪崩講習会に参加することによって，リスクマネジメントの重要性も知った．「無事に生きて帰ること」と，そのための「リスクマネジメント」の重要性はフィールド調査でも共通することである．

私が日本生態学会の野外安全管理専門委員会（当時は委員会名に「専門」はついていなかった）の委員になったのは，2015年のことであった．

委員を引き受けた理由は，学生の研究指導をしてきた立場と登山におけるリーダーの経験から，学会員たちのフィールドの安全管理について貢献できると思ったからである．2017年からは大学のワンダーフォーゲル部の顧問も引き受けることになり，生態学会員のフィールドでの安全管理だけでなく，ワンダーフォーゲル部員たちの登山活動などにおける安全管理も担うことになった．フィールドにおける安全管理の知識は双方において役立つものであった．

野外安全管理専門委員会は，2019年7月に日本生態学会誌の別冊として，『フィールド調査における安全管理マニュアル』を出版した．当時，私が担ったのは，すでに日本生態学会のホームページに暫定版として公開されていた原稿からの改訂作業であった．当初は書籍としての出版を目指したが，残念ながら版元となる出版社を見つけることができなかった．今回出版されるに至ったことは委員会としての念願であり，そのような機会を与えてくれた朝倉書店には深く感謝の意を表したい．

フィールド調査における安全管理のための技術や道具は日々進歩している．そのため，ある程度の歳月がたったならば，安全管理マニュアルの改訂も必要になる．日本生態学会誌の別冊としての発行の直後にさえ，新型コロナウイルスの世界的大流行という感染症リスクに人類は直面した．国内では，クマ類やイノシシ，ニホンザルなどが人里に出没することが多くなり，その人的・経済的被害も増大した．社会的には多様な人々がもつ多様な観点を尊重するべきといった価値観の変化も起こった．このように日本生態学会誌の別冊としての発行から5年しかたっていないにもかかわらず，社会的な情勢も加わり，かなりの内容をアップデートする必要があった．その作業にはそれなりの労力が要求されたが，ゼロから始めた最初の原稿（暫定版）の作成には今回の作業をはるかに越える労力がかかったと聞いている．本書の完成には，委員会創立時からの歴代の野外安全管理委員会の委員たちの努力があったことも伝えておきたい．

日本生態学会では毎年開催される学会大会において，野外安全管理専門委員会が企画するフォーラム「野外調査に初めて行く人のための安全講習」が行われている．主に卒業研究や大学院での研究をこれから始める学部 4 年生や大学院修士課程 1 年生を対象にした安全講習であるが，野外安全管理に関する情報発信や情報交換の場ともなっている．野外安全管理専門委員会では，フィールド調査や実習中の事故やヒヤリハットの事例を収集し，その解析も行っている．その成果は，本書で事故事例として取り上げている．事故から得られる教訓は事故の再発防止に役立つものである．該当の事例があれば，あるいは事故の報告書が大学・研究所などで出版された場合には，野外安全管理専門委員会に連絡をいただきたい．

本書の作成にあたって，第 2 章の「2.3.2 排泄と生理への対処」と「2.3.7 ハラスメントへの対処」の項目に関しては，男女共同参画学協会連絡会幹事学会運営タスクフォース委員会が 2023 年度に実施した日本生態学会員対象のアンケートの結果を参考にさせていただいた．朝倉書店編集部には本書の出版の機会をご提案していただき，原稿に丁寧に目を通していただき，わかりにくい箇所を指摘していただいた．東京都立大学（当時）の村上勇樹さんには本書の図の一部を作成していただいた．大阪公立大学中百舌鳥ワンダーフォーゲル部の福永智也さんにはロープワークについての動画作成に協力していただいた．本書の作成には，暫定版の作成から含めて多くの方々が作業に携わった．その全員に感謝の意を表したい．

最後に，あらためて，これまでにフィールド調査中の事故で，お亡くなりになった方々のご冥福をお祈りしたい．それらの事故を忘れることなく，今後，フィールド調査中の事故が起こらないためにも，本書が役立つことを願いたい．

2025 年 2 月

日本生態学会 野外安全管理専門委員会 委員長　石原道博

索　引

欧　字

あ　行

か　行

さ　行

た　行

な　行

は　行

ま　行

や　行

ら　行

わ　行

フィールド調査のための
安全管理マニュアル

定価はカバーに表示

2025 年 4 月 5 日　初版第 1 刷

監　修　日 本 生 態 学 会
発行者　朝　倉　誠　造
発行所　株式会社　朝　倉　書　店
東京都新宿区新小川町 6-29
郵便番号　162-8707
電　話　03（3260）0141
FAX　03（3260）0180
https://www.asakura.co.jp

〈検印省略〉

印刷・製本　藤原印刷

ISBN 978-4-254-18070-1　C 3040　Printed in Japan